云南大山包
黑颈鹤国家级自然保护区
鸟类图鉴

A PHOTOGRAPHIC GUIDE TO THE BIRDS OF DASHANBAO BLACK-NECKED CRANE
NATIONAL NATURE RESERVE, YUNNAN, P. R. CHINA

吴太平　赵子蛟　李世俊 / 主编

U0293830

中国经济出版社
CHINA ECONOMIC PUBLISHING HOUSE

图书在版编目（CIP）数据

云南大山包黑颈鹤国家级自然保护区鸟类图鉴／吴
太平，赵子蛟，李世俊主编 . -- 北京：中国经济出版社，
2023.9

ISBN 978 - 7 - 5136 - 7473 - 7

Ⅰ . ①云… Ⅱ . ①吴… ②赵… ③李… Ⅲ . ①自然保
护区 – 鸟类 – 云南 – 图集 Ⅳ . ① Q959.708-64

中国国家版本馆 CIP 数据核字（2023）第 180077 号

责任编辑　姜　静　王西琨
责任印制　马小宾
封面设计　柠檬山上

出版发行　中国经济出版社
印 刷 者　北京富泰印刷有限责任公司
经 销 者　各地新华书店
开　　本　710mm×1000mm　1/16
印　　张　9
字　　数　56 千字
版　　次　2023 年 9 月第 1 版
印　　次　2023 年 9 月第 1 次
定　　价　68.00 元

广告经营许可证　京西工商广字第 8179 号

中国经济出版社 网址 www.economyph.com 社址 北京市东城区安定门外大街 58 号 邮编 100011
本版图书如存在印装质量问题，请与本社销售中心联系调换（联系电话：010-57512564）

《云南大山包黑颈鹤国家级自然保护区鸟类图鉴》
编辑委员会成员名单

顾　　问：袁　军

主　　任：黄　勤

副 主 任：潘于昆　孙　荣　郝志明

委　　员（按姓氏笔画排序）：

　　　　王　任　王远剑　孔德军　毕正妮　李　洋　李世俊

　　　　李森来　郑远见　赵子蛟　耿代福　黄　伟　谭　祥

　　　　臧　梅

主　　编：吴太平　赵子蛟　李世俊

编写人员（按姓氏笔画排序）：

　　　　李世俊　吴太平　张遵策　罗祥彩　赵子蛟　钱　颖

摄　　影：吴太平　李世俊　郑远见　王远剑　韦　铭　赵子蛟

　　　　罗顺义　朱　勇　孔德军　曾祥乐　廖辰灿　田鸣锋

科学审读：孔德军

前言
Preface

  云南大山包黑颈鹤国家级自然保护区位于昭通市昭阳区，总面积 192 平方千米，主要保护对象是国家一级重点保护动物——黑颈鹤（*Grus nigricollis*）及其赖以生存的亚高山沼泽化草甸湿地生态系统；2003 年升格为国家级自然保护区，2004 年 12 月被列入《国际重要湿地名录》，是云南省现有的 5 块国际重要湿地之一。

  该区地处金沙江和牛栏江上游交汇口，集自然性、典型性、脆弱性、多样性于一体，是长江上游重要的生态屏障，特殊的地理区位和多样的生态系统孕育了独特的亚高山沼泽湿地，是众多水鸟越冬、停歇和中转的重要地区，在黑颈鹤等候鸟保护方面有着举足轻重的地位。

  多年来的监测数据表明，大山包保护区共记录到鸟类 214 种，其中国家一级重点保护鸟类 9 种、国家二级重点保护鸟类 27 种，鸟类种群数量逐年壮大，主要保护对象黑颈鹤种群数量逐年增加，已从 1990 年的 200 余只增长至 2023 年的 2260 只。

李世俊 摄

今年时值云南大山包黑颈鹤国家级自然保护区成立 20 周年，特编写本书以作纪念。本书共收集该区鸟类 16 目 43 科 117 种，依据郑光美先生《中国鸟类分类与分布名录（第四版）》进行分类排序，采取图文并茂的方式，旨在为相关研究者、观鸟爱好者、摄影爱好者、中小学生等群体直观了解大山包保护区鸟类提供有益帮助，也可作为保护区同事日常巡护和监测的工具书。

本书得到 UNDP-GEF 迁飞保护网络项目资金支持，在编纂过程中得到云南大学孔德军教授的精心指导，硕士研究生聂军、于璇帮助校对了全书鸟种及拉丁学名，在此一并表示感谢。

限于水平，书中的疏漏和不当之处敬请批评指正！

编　者

2023 年 8 月 23 日

使用说明

1. 鸟类分类及排序

本图鉴共收录在云南大山包黑颈鹤国家级自然保护区分布的鸟类117种，隶属于16目43科，并依据《中国鸟类分类与分布名录（第四版)》（郑光美，2023）对上述鸟类进行分类和排序。

2. 鸟类的身体结构

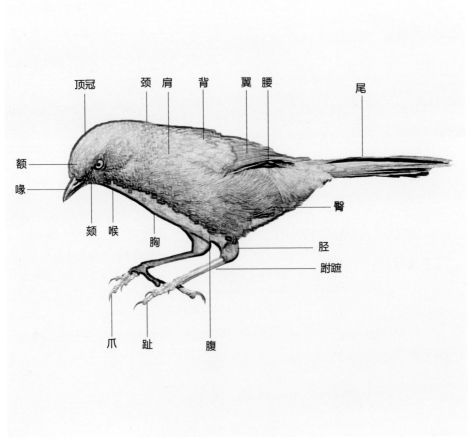

鸟类各部位（橙翅噪鹛）

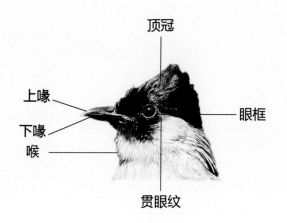

鸟类头部（黄臀鹎）

3. 鸟类居留状况

留鸟：指全年均在特定区域生活，且不进行长距离迁徙的鸟类。

夏候鸟：指春季迁来本区域繁殖生活，直到当年秋季再迁离本区域并前往其他地区越冬生活的鸟类。

冬候鸟：指秋季迁来本区域越冬栖息，直到翌年春季再迁离本区域并前往其他地区繁殖生活的鸟类。

旅鸟：指迁徙过程中仅途经本区域，且不停留或仅有短暂停留的鸟类。

4. 保护等级

国家保护：指《国家重点保护野生动物名录（2021 年 2 月 1 日修订）》（国家林业和草原局、农业农村部，2021）中列出的重点保护物种。

三有动物：指《国家林业和草原局公告（2023 年第 17 号）》（国家林业和草原局，2023）中列出的国家保护的有重要生态、科学、社会价值的陆生野生动物。

世界保护：指世界自然保护联盟（International Union for Conservation of Nature, IUCN）2020 年《濒危物种红色名录》中的灭绝（Extinct, EX）、野外灭绝（Extinct in the Wild, EW）、极危（Critically Endangered, CR）、濒危（Endangered, EN）、易危（Vulnerable, VU）和近危（Near Threatened, NT）物种。

CITES：指列入 2023 年《濒危野生动植物种国际贸易公约》（Convention on International Trade in Endangered Species of Wild Fauna and Flora, CITES）中附录Ⅰ、附录Ⅱ和附录Ⅲ中的物种。

目录
Contents

第一章 云南大山包黑颈鹤国家级自然保护区概况

郑远见 摄

1. 自然情况

  云南大山包黑颈鹤国家级自然保护区地处昭通市昭阳区大山包镇，位于滇东北高原面
上的高耸山地——五莲峰顶部的古夷平面上，大山包是其主峰，属构造侵蚀高中山。保护
区界与昭阳区大山包镇边界基本重合，东与鲁甸县新街镇、龙树镇毗邻，南接鲁甸县龙树
镇、梭山镇，西与昭阳区田坝乡、炎山镇相接，北与昭阳区大寨子乡相连；坡体陡峭，山
地东北部起伏较和缓，山丘相对高差 50～100m，山体浑圆，坡度平缓，谷地为亚高山沼
泽化草甸，地势平坦开阔。海拔多在 3000～3200m，最高点课车梁子 3364m，最低海拔
为老林村委会半坡村坡脚 2210m，相对高差 1154m；是长江流域的重要生态屏障，是世
界珍稀物种、国家一级重点保护野生动物——黑颈鹤重要的越冬栖息地和迁徙停歇地，同
时每年有 30000 多只其他珍禽到此越冬栖息。因其物种多样性和独特的生态区位优势，于
2004 年被列入《国际重要湿地名录》，是中国现有的 82 块国际重要湿地之一。

李世俊 摄

保护区总面积为 19200hm²，其中核心区 8686hm²，占总面积的 45%；缓冲区 4890hm²，占总面积的 25%；实验区 5624hm²，占总面积的 30%。

按云南省热量区划指标，保护区所处热量带为寒温带，在云南省热量资源区划中，属于典型的高原气候区或高寒山区。年均温 6.2℃，最冷月（1 月）均温 -1.0℃，最热月（7 月）均温 12.6℃，年大于等于 10℃积温 1017.9℃，日均温大于等于 10℃持续日数 65.1d，极端最低气温多年平均值 -16.8℃，无霜期 122d 左右，年均相对湿度 77%，夏季温凉，冬季干冷、风大。

保护区全年降水较多，年降水量 1100～1200mm，6 月至 10 月降水量为 1021.2mm，占全年降水量的 90.8%；11 月至翌年 5 月降水量 103.9mm，仅占全年的 9.2%，此段时间多以降雪为主。

2. 社会发展情况

云南大山包黑颈鹤国家级自然保护区范围与大山包镇行政区域基本重合，区内有合兴、大山包、车路、马路、老林5个行政村，110个村民小组，汉、苗、彝三个民族混居。现有2325户10662人。

保护区居民以畜牧业为主要经济支柱，粮食作物以土豆、苦荞、燕麦为主，一年一熟；由于海拔高、气温低，土壤和气候条件差，农业生产耕作粗放，广种薄收，部分群众靠救济生活，贫困程度深。自2014年开展脱贫攻坚工作以来，大山包镇切实贯彻精准扶贫基本方略，"两不愁三保障"目标任务全面完成，脱贫攻坚取得决定性胜利。

3. 湿地资源状况

云南大山包黑颈鹤国家级自然保护区位于金沙江和牛栏江交汇处，金沙江溪洛渡、向家坝等梯级电站的上游，是库容达 3.6 亿 m³ 的大型水库——"渔洞水库"的主要汇水区范围，是长江流域生态系统的重要组成部分。

大山包国际重要湿地面积 5958hm²，主要为保护区内的跳墩河、大海子、勒力寨、殷家碑海子、燕麦地 5 个水库及其周边的沼泽化草甸。其中以跳墩河和大海子面积最大，而且有相当面积的水体，湿地面积与范围随水位季节性变化而变化。而湿地生态系统中面积较大的沼泽化草甸是一种介于草甸与水体之间的特殊的自然综合体，具有独特的水文特征，对亚高山草甸具有调节水文循环过程、拦蓄径流、减少水土流失、涵养水源等方面的生态水文功能。

区内亚高山泉眼遍布，是湿地形成并赖以维系的基础。据 2011 年调查，大山包国际重要湿地共有 581 个亚高山泉眼，pH 值 7.1 ～ 7.5，属中性—弱碱性淡水，有害离子含量极微，水质良好，适宜生活饮用。

李世俊 摄

4. 动植物资源状况

按照《云南植被》的分类系统，云南大山包黑颈鹤国家级自然保护区植被共分为4个植被型、5个植被亚型和16个植物群系（含4个人工群系），共计122科444属897种植物，其中：蕨类植物20科35属58种，裸子植物2科3属5种，被子植物100科406属834种。

保护区内记录有脊椎动物5纲31目88科302种，其中鸟类18目57科214种，哺乳类7目21科63种，两栖类1目5科6种，爬行类1目4科11种，鱼类4目5科7种。另外，记录到昆虫15目71科223种（其中1个新亚种、1个中国特有种、10个中国新记录种），其具有重要的保护价值。

其中：黑颈鹤（*Grus nigricollis*）、白鹤（*Leucogeranus leucogeranus*）、白头鹤（*Grus monacha*）、东方白鹳（*Ciconia boyciana*）、金雕（*Aquila chrysaetos*）、白肩雕（*Aquila heliaca*）、白尾海雕（*Haliaeetus albicilla*）、黑鹳（*Ciconia nigra*）、草原雕（*Aquila nipalensis*）、豺（*Cuon alpinus*）10种为国家一级重点保护野生动物，黑翅鸢（*Elanus caeruleus*）、黑

李世俊 摄

鸢（*Milvus migrans*）、苍鹰（*Accipiter gentilis*）、雀鹰（*Accipiter nisus*）、松雀鹰（*Accipiter virgatus*）、普通𫛭（*Buteo japonicus*）、大𫛭（*Buteo hemilasius*）、喜山𫛭（*Buteo refectus*）、长耳鸮（*Asio otus*）、短耳鸮（*Asio flammeus*）、白尾鹞（*Circus cyaneus*）、鹗（*Pandion haliaetus*）、燕隼（*Falco subbuteo*）、灰背隼（*Falco columbarius*）、游隼（*Falco peregrinus*）、红脚隼（*Falco amurensis*）、红隼（*Falco tinnunculus*）、白腹锦鸡（*Chrysolophus amherstiae*）、蓑羽鹤（*Grus virgo*）、灰鹤（*Grus grus*）、领鸺鹠（*Glaucidium brodiei*）、斑头鸺鹠（*Glaucidium cuculoides*）、橙翅噪鹛（*Trochalopteron elliotii*）、黑颈䴙䴘（*Podiceps nigricollis*）、暗色鸦雀（*Sinosuthora zappeyi*）、红嘴相思鸟（*Leiothrix lutea*）、小白额雁（*Anser erythropus*）、赤狐（*Vulpes vulpes*）、豹猫（*Prionailurus bengalensis*）、黄喉貂（*Martes flavigula*）30 种为国家二级重点保护野生动物。

第二章

大山包保护区鸟类

吴太平 摄

白腹锦鸡

Chrysolophus amherstiae

鸡形目
雉科

♥ 保护等级：国家二级保护。

♥ 居留状况：全年，留鸟。

雄鸟 / 吴太平 摄

【形态特征】体长60厘米（雌鸟）～150
厘米（雄鸟），虹膜暗褐色，嘴及腿青灰
色；雄鸟色彩艳丽，头顶、喉及胸为闪亮
翠绿色，后颈白色具黑色羽缘，腹部白色，
尾长具黑白相间的云状斑纹；雌鸟较雄鸟
瘦小，上体具棕黄色杂以黑褐色横斑，胸
部棕栗色具黑斑，胁及尾下黄色杂以黑斑。

【生态习性】栖息于森林、灌丛及竹林中；
以植物的根、茎、叶、嫩芽、种子、果实
及各种昆虫为食；繁殖期4—6月，每窝产
卵5～12枚，孵化期约23天，雏鸟早成。

【种群现状】中国特有种，大山包记录数量
30～50只。

雌鸟 / 吴太平 摄

环颈雉 | 鸡形目 雉科

Phasianus colchicus

♥ 保护等级：三有动物。
♥ 居留状况：全年，留鸟。

【形态特征】体长60厘米（雌鸟）～85厘米（雄鸟），虹膜黄褐色，嘴灰白色或灰绿色，腿青绿色；雄鸟的整个头和颈蓝黑色具金属光泽，眼周裸露皮肤呈鲜红色，尾长且尖且呈褐色具黑色横纹；雌鸟较雄鸟瘦小，全身密布浅褐色斑纹，体色较雄鸟暗淡，尾短。

【生态习性】栖息于开阔林地、灌草丛、农耕地、湿地草甸、林缘等多种生境；以植物的根、茎、叶、嫩芽、种子、果实及各种昆虫为食；繁殖期3—7月，每年产卵1～2窝，每窝产卵6～22枚，孵化期约25天，雏鸟早成。

【种群现状】大山包记录数量超过300只。

李世俊 摄

李世俊 摄

斑头雁
Anser indicus

雁形目
鸭科

♥ 保护等级：三有动物；云南省重点保护物种。
♥ 居留状况：10月下旬至翌年3月上旬，冬候鸟。

李世俊 摄

【形态特征】体长约70厘米，通体灰褐色；头及颈侧白色，头顶具两道醒目的黑色带斑，嘴和腿橙黄色。

【生态习性】栖息于高原湖泊、泥沼、沼泽湿地等生境；以植物的叶、茎、嫩芽、种子以及无脊椎动物、软体动物为食；繁殖期4—7月，每窝产卵2～10枚，孵化期约30天，雏鸟早成。

【种群现状】大山包记录数量超过2000只。

李世俊 摄

普通秋沙鸭

Mergus merganser

**雁形目
鸭科**

♥ 保护等级：三有动物。

♥ 居留状况：11 月底至 3 月初，冬候鸟。

【形态特征】体长约 68 厘米，虹膜暗褐色，嘴红褐色且端部黑色具钩，腿橘红色；雄鸟的头、颈、背、枕部冠羽和翼均为黑褐色且具绿色光泽，胸及下体乳白色，飞行时翅上有白斑；雌鸟头棕褐色，额和喉白色，背部深灰色，胸腹部浅灰色。

【生态习性】栖息于水质较好的湖泊、水库、河口、沼泽湿地等生境；主要以鱼、虾、水生昆虫以及水生植物为食；繁殖期 5—7 月，每窝产卵 8～13 枚，孵化期约 35 天，雏鸟早成。

【种群现状】大山包记录数量 430～450 只。

李世俊 摄

013

翘鼻麻鸭

Tadorna tadorna

雁形目
鸭科

♥ 保护等级：三有动物。
♥ 居留状况：11 月初至翌年 3 月底，冬候鸟。

韦铭 摄

【形态特征】体长约 63 厘米，虹膜棕褐色，脚粉红色；雄鸟嘴赤红色且上嘴基部具凸起皮脂瘤，头至 1/3 颈处、肩、初级飞羽及尾梢均为亮黑褐色，背至胸有一道宽阔的栗色环带，自胸沿腹部中央至臀部形成较宽的黑色纵带，三级飞羽及尾下覆羽棕栗色，具绿色翼镜，余部全白色；雌鸟较雄鸟小且色淡，头颈部无金属光泽，嘴红褐色而嘴基无皮质肉瘤，栗色胸带窄而色浅，腹部无黑色纵带，余部似雄鸟。

【生态习性】栖息于内陆江河、湖泊、河口、库塘、沙滩、农田及沼泽草地等生境；以各种水生昆虫、藻类、软体动物、蜗牛、沙蚕、水蛭、蜥蜴、小鱼、鱼卵以及湿地植物的根、茎、叶、种子等为食；繁殖期 5—7 月，每窝产卵 7 ~ 12 枚，孵化期约 29 天，雏鸟早成。

【种群现状】大山包记录数量不足 10 只。

赤麻鸭

雁形目
鸭科

Tadorna ferruginea

♥ 保护等级：三有动物。

♥ 居留状况：10 月下旬至翌年 3 月上旬，冬候鸟。

郑远见 摄

【形态特征】体长约 63 厘米，嘴和腿黑色，通体赤黄褐色，翅上具明显的白色斑块和铜绿色翼镜，繁殖季的雄鸟具一黑色颈环。

【生态习性】栖息于开阔草原、湖泊、河流、沼泽湿地等生境；以各种谷物、昆虫、甲壳动物、蛙、虾、水生植物为食；繁殖期 4—6 月，每窝产卵 6～12 枚，孵化期约 30 天，雏鸟早成。

【种群现状】大山包记录数量超过 500 只。

王远剑 摄

赤嘴潜鸭 雁形目
鸭科

Netta rufina

♥ 保护等级：三有动物。
♥ 居留状况：12 月初至翌年 3 月中旬，冬候鸟。

雄鸟／吴太平 摄

【形态特征】体长约 55 厘米；雄鸟嘴橘红色，头棕栗色，颈及胸黑褐色，背部暗褐色，胁白色，尾黑色，具白色翼镜，腿粉红色；雌鸟全身褐色，嘴黑色而先端黄色，头侧、颈侧、额、喉均为灰白色，额、头顶及枕深褐色，腿灰色。

【生态习性】栖息于开阔的湖泊、库塘、河流、沼泽湿地等生境；以各种水生植物的嫩芽、茎和种子为食；繁殖期 4—6 月，每窝产卵 6 ～ 12 枚，孵化期约 26 天，雏鸟早成。

【种群现状】大山包记录数量不足 10 只。

雌鸟／韦铭 摄

红头潜鸭

Aythya ferina

雁形目
鸭科

♥ 保护等级：世界易危（VU）；三有动物。
♥ 居留状况：11月初至翌年3月中旬，冬候鸟。

雄鸟 / 李世俊 摄

左雌右雄 / 郑远见 摄

【形态特征】体长约46厘米，嘴亮灰色而先端黑色，腿灰色，具白色翼镜；雄鸟虹膜红色，头栗红色，胸、肩及腰黑色，背及两胁淡灰色杂以黑色蠕虫状细纹；雌鸟虹膜暗褐色，头、胸及尾褐色，眼周土黄色。

【生态习性】栖息于水生植物丰富的开阔湖泊、水库、水塘、河湾、沼泽等生境；主要以水生植物的叶、茎、根和种子为食，兼吃软体动物、甲壳类、水生昆虫、小鱼和虾等动物；繁殖期4—6月，每窝产卵6～9枚，孵化期约26天，雏鸟早成。

【种群现状】大山包记录数量20～40只。

白眼潜鸭

雁形目
鸭科

Aythya nyroca

♥ 保护等级：三有动物。
♥ 居留状况：11 月中旬至翌年 3 月初，冬候鸟。

雄鸟 ／韦铭 摄

【形态特征】体长约 40 厘米，嘴灰褐色，腿暗绿色；雄鸟的虹膜白色，头、颈及胸深栗色，背及翅暗褐色，腰及尾基黑色，上腹及尾下覆羽白色，胁及下腹棕褐色；雌鸟的虹膜灰褐色，头、颈及胸棕褐色，腰及尾基黑褐色，余部似雄鸟。

【生态习性】栖息于富有水生植物的淡水湖泊、库塘、江河、海湾、沼泽等生境；以水生植物的茎、叶、芽、嫩枝、种子以及甲壳类、软体动物、水生昆虫、蠕虫、蛙、小鱼等为食；繁殖期 4—6 月，每窝产卵 7～14 枚，孵化期约 28 天，雏鸟早成。

【种群现状】大山包记录数量超过 30 只。

雌鸟 ／韦铭 摄

凤头潜鸭

雁形目
鸭科

Aythya fuligula

♥ 保护等级：三有动物。

♥ 居留状况：11 月底至翌年 3 月初，冬候鸟。

雄鸟 / 吴太平 摄

【形态特征】体长约 42 厘米，嘴及腿灰色，虹膜黄色，头顶具特长羽冠；雄鸟通体亮黑色，腹和体侧白色；雌鸟通体深褐色，羽冠较雄鸟短。

【生态习性】常成群活动于湖泊、河流、水库、池塘、沼泽、河流等生境；主要以水生植物和鱼虾贝壳类为食；繁殖期 5—7 月，每窝产卵 6 ～ 13 枚，孵化期约 24 天，雏鸟早成。

【种群现状】大山包记录数量 20 ～ 30 只。

雌鸟 / 罗顺义 摄

琵嘴鸭 | 雁形目
鸭科

Spatula clypeata

♥ 保护等级：三有动物。
♥ 居留状况：11 月底至翌年 3 月初，冬候鸟。

雄鸟 ／罗顺义 摄

【形态特征】体长约 50 厘米，嘴特长而末端扩大呈扁平铲状，腿橘黄色，具亮绿色翼镜；雄鸟嘴黑色，头及颈暗绿色而具光泽，胸白色，腹及胁栗红色；雌鸟嘴暗黄色，通体灰色，背部有黑色斑块，尾近白色，贯眼纹深色。

【生态习性】常与其他水鸟混群于湖泊、库塘、河流、沼泽等生境；以螺、软体动物、甲壳类、水生昆虫、鱼、蛙以及水生植物为食；繁殖期 4—7 月，每窝产卵 10 枚左右，孵化期约 25 天，雏鸟早成。

【种群现状】大山包记录数量不足 10 只。

雌鸟 ／韦铭 摄

罗纹鸭
Mareca falcata

雁形目
鸭科

♥ 保护等级：世界近危（NT）；三有动物。
♥ 居留状况：11月中旬至翌年3月底，冬候鸟。

【形态特征】体长约50厘米；雄鸟的头顶暗栗色，头及颈侧铜绿色，额基具白斑，颏及喉白色，颈基具黑色横带，下体杂以黑白相间波浪状细纹，尾下两侧各有一块三角形黄色斑；雌鸟暗褐色杂深色，嘴及腿暗灰色，头及颈色浅，尾上覆羽两侧具皮草黄色线条，翅具铜棕色翼镜。

【生态习性】栖息于内陆湖泊、库塘、河流、沼泽湿地等生境；主要以水生植物为食，偶尔也吃软体动物、甲壳类和水生昆虫等小型无脊椎动物；繁殖期5—7月，每窝产卵8枚左右，孵化期约26天，雏鸟早成。

【种群现状】大山包记录数量不足10只。

韦铭 摄

赤膀鸭

Mareca strepera

雁形目
鸭科

♥ 保护等级：三有动物。
♥ 居留状况：全年，留鸟。

左雄右雌 / 韦铭 摄

【形态特征】体长约 50 厘米；雄鸟的嘴黑色，头棕色，腿橘黄色，胸暗褐色而具新月形白斑，上背具白色波状细纹，次级飞羽具白斑；雌鸟的嘴两侧橘黄色，嘴峰黑色，腹部及次级飞羽白色。

【生态习性】栖息于开阔的淡水湖泊及沼泽湿地生境；主要取食水生植物及小型水生动物；5—7 月开始繁殖，每窝产卵 10 枚左右，孵化期 26 天，雏鸟早成。

【种群现状】大山包记录数量超过 50 只。

赤颈鸭

Mareca Penelope

雁形目
鸭科

♥ 保护等级：三有动物。
♥ 居留状况：11月中旬至3月底，冬候鸟。

雄鸟 / 吴太平 摄

【形态特征】体长约47厘米；雄鸟的头和颈棕红色，头顶至额基有一黄色纵带，背和两胁灰白色并杂以暗褐色波状细纹，腹白，尾下覆羽黑色，翼镜翠绿色；雌鸟通体棕褐或灰褐色，腹白，翼镜暗灰褐色。

【生态习性】常与其他水鸟混群于湖泊、海湾、河口、沼泽等生境；主要以水生植物为食，兼食少量动物性食物；繁殖期5—7月，每窝产卵8枚左右，孵化期24天，雏鸟早成。

【种群现状】大山包记录数量超过50只。

李世俊 摄

斑嘴鸭

Anas zonorhyncha

雁形目
鸭科

♥ 保护等级：三有动物。
♥ 居留状况：10 月底至翌年 3 月中旬，冬候鸟。

【形态特征】体长约 60 厘米，嘴黑而先端黄色，腿橘黄色，脸至上颈侧、眼先、眉纹、颏和喉均为淡黄白色，头顶及贯眼纹深褐色，翼镜蓝绿色且带紫色光泽。

【生态习性】栖息于湖泊、水库、江河、库塘、河流、沙洲和沼泽等生境；主要以水生植物为食，兼食昆虫、软体动物等动物性食物；繁殖期 5—7 月，每窝产卵 10 枚左右，孵化期约 24 天，雏鸟早成。

【种群现状】大山包记录数量超过 30 只。

赵子蛟 摄

绿头鸭

Anas platyrhynchos

雁形目
鸭科

♥ 保护等级：三有动物。
♥ 居留状况：全年，留鸟。

雄鸟 / 李世俊 摄

【形态特征】体长约 58 厘米，外形似家鸭；雄鸟嘴黄绿色，腿橘黄色，头及颈深绿色，具一白色颈环，胸栗色，翼镜蓝紫色；雌鸟嘴黑褐色，嘴端暗棕黄色，有深色贯眼纹。

【生态习性】栖息于水生植物丰富的湖泊、河流、库塘、沼泽等生境；主要以水生植物和农作物为食，兼食软体动物、甲壳类、水生昆虫等；繁殖期 5—7 月，每窝产卵 10枚左右，孵化期约 26 天，雏鸟早成。

【种群现状】大山包记录数量超过 500 只。

左雌右雄 / 郑远见 摄

针尾鸭 | 雁形目 鸭科

Anas acuta

❤ 保护等级：三有动物。
❤ 居留状况：11月初至3月中旬，冬候鸟。

雄鸟／吴太平 摄

【形态特征】体长约55厘米，尾长而尖，虹膜褐色，嘴蓝灰色，腿灰色；雄鸟头棕褐色，背杂以淡褐色与白色相间的波状横斑，颈侧有白色纵带与下体白色相连，翼镜铜绿色；雌鸟后颈暗褐色而缀有黑色小斑，上体大都黑褐色且杂以黄白色斑纹，无翼镜，尾较雄鸟短。

【生态习性】栖息于湖泊、河流、沼泽草地、盐碱湿地、库塘及海湾等生境；主要以水生植物和谷物为食，兼食水生无脊椎动物；繁殖期4—7月，每窝产卵8枚左右，孵化期约22天，雏鸟早成。

【种群现状】大山包记录数量超过30只。

郑远见 摄

绿翅鸭

Anas crecca

雁形目
鸭科

♥ 保护等级：三有动物。
♥ 居留状况：11 月初至 3 月底，冬候鸟。

左雌右雄 / 赵子蛟 摄

【形态特征】体长约 37 厘米，嘴和腿均为灰褐色，翼镜亮绿色；雄鸟头颈深栗色，眼先至颈侧基部有一道宽阔的绿色带斑，肩羽上有一道白色条纹，尾下覆羽黑色，臀部两侧各有一黄色三角形斑，其余部位多灰色；雌鸟上体暗褐色兼具棕色或棕白色羽缘，下体白色或棕白色且杂以褐色斑点，下腹和两胁具暗褐色斑点，尾下覆羽白色。

【生态习性】常集小群于湖泊、河流、沙洲、沼泽等生境；主要以水生植物和谷粒为食，兼食甲壳类、软体动物、水生昆虫和其他小型无脊椎动物；繁殖期 5—7 月，每窝产卵 10 枚左右，孵化期约 22 天，雏鸟早成。

【种群现状】大山包记录数量 100～150 只。

雄鸟 / 郑远见 摄

小䴙䴘

Tachybaptus ruficollis

䴙䴘目
䴙䴘科

♥ 保护等级：三有动物。

♥ 居留状况：全年，留鸟。

郑远见 摄

【形态特征】体长约27厘米，虹膜黄色或褐色，嘴尖呈黑色，腿蓝灰色，趾具蹼，夏季喉及前颈栗红色，头顶及颈背深灰褐色，上体褐色，下体偏灰，嘴基具明显黄色斑；冬季除下体白色外，通体灰褐色。

【生态习性】栖息于水生植物较丰富的湖泊、沼泽及稻田等生境；主要以小鱼、虾、蜻蜓幼虫、蝌蚪、甲壳类、软体动物和蛙等动物为食，偶尔也吃少量水生植物；繁殖期4—8月，每窝产卵6～7枚，雏鸟早成。

【种群现状】大山包记录数量超过30只。

李世俊 摄

凤头䴙䴘

Podiceps cristatus

䴙䴘目
䴙䴘科

♥ 保护等级：三有动物。
♥ 居留状况：11 月初至翌年 3 月初，冬候鸟。

李世俊 摄

【形态特征】体长约 56 厘米，是体型最大的䴙䴘，嘴又长又尖呈黄褐色，从嘴角到眼睛还长着一条黑线，颈修长，上体纯灰褐，下体近白。夏季头两侧和颏均白色，前额和头顶呈黑色，头后面具两撮向上直立的黑色羽冠，颈具鬃毛状饰羽而呈棕栗色；冬季黑色羽冠不明显，颈上饰羽消失。

【生态习性】栖息于低山或平原地区的湖泊、水库、河流、沼泽等生境，是著名的潜水健将；以软体动物、鱼、甲壳类和水生植物等为食；繁殖期 5—7 月，每窝产卵 4～5 枚，雏鸟早成。

【种群现状】大山包记录数量超过 100 只。

山斑鸠

Streptopelia orientalis

鸽形目
鸠鸽科

♥ 保护等级：三有动物。
♥ 居留状况：全年，留鸟。

【形态特征】体长约 32 厘米，虹膜红色，嘴灰色，腿粉红色，额、头顶及胸蓝灰色，颈侧具黑白条纹的块状斑，背部褐色而羽缘棕色，腹部粉色，尾黑色而尾梢浅灰。
【生态习性】栖息于村庄、农耕地、针阔混交林等生境；主要以各种植物的果实、种子、草籽、嫩叶、幼芽为食，偶尔也取食鳞翅目幼虫、甲虫等昆虫；繁殖期 4—7 月，年产 2 窝卵，每窝产卵 2～3 枚，孵化期约 19 天，雏鸟晚成。
【种群现状】大山包记录数量 10～15 只。

李世俊 摄

珠颈斑鸠

Spilopelia chinensis

鸽形目
鸠鸽科

♥ 保护等级：三有动物。

♥ 居留状况：全年，留鸟。

【形态特征】体长约 30 厘米，虹膜橘黄色，嘴暗褐色，腿橘红色，额至头顶蓝灰色，颈侧黑色而杂以圆形白色斑点，胸部粉色，腹部淡紫色，翼淡褐色，尾灰褐色而末端白色。

【生态特征】栖息于人类活动较频繁的生境；主要以植物种子为食，偶尔也取食蝇蛆、蜗牛、昆虫等动物；繁殖期 5—7 月，每年产 1～2 窝卵，每窝产卵 2 枚，孵化期约 19 天，雏鸟晚成。

【种群现状】大山包记录数量不足 10 只。

郑远见 摄

大杜鹃 | 鹃形目 杜鹃科

Cuculus canorus

♥ 保护等级：三有动物。

♥ 居留状况：4月初至9月底，夏候鸟。

【形态特征】体长约32厘米，虹膜及眼圈黄色，嘴黑褐色而基部黄色，腿黄色，额至后颈暗灰褐色，背部蓝灰色，尾末端具白点，下体白色杂以黑褐色细窄横斑。

【生态习性】栖息于居民区、林缘等生境；主要以昆虫为食，偶尔也取食植物果实和种子；繁殖期5—7月，营巢寄生。

【种群现状】大山包记录数量15～20只。

李世俊 摄

黑水鸡

Gallinula chloropus

鹤形目
秧鸡科

♥ 保护等级：三有动物。

♥ 居留状况：全年，留鸟。

【形态特征】体长约 31 厘米，虹膜红褐色，嘴尖暗绿色而基部红色，额甲红色，腿暗绿色，通体黑褐色，两胁有白色细纹线条，尾下有两块白斑。

【生态习性】栖息于湖泊、库塘、沼泽等生境；以水生植物嫩叶、幼芽、根茎以及昆虫、蠕虫、蜘蛛、软体动物、蜗牛等为食；繁殖期 5—7 月，每窝产卵 6～10 枚，孵化期约 20 天，雏鸟早成。

【种群现状】大山包较为罕见，最多时记录到 4 只。

郑远见 摄

白骨顶

Fulica atra

鹤形目
秧鸡科

♥ 保护等级：三有动物。

♥ 居留状况：11月中旬至翌年3月底，冬候鸟。

郑远见 摄

【形态特征】体长约40厘米，虹膜暗红色，嘴及额甲白色，腿灰绿色，趾具宽而分离的瓣蹼，通体黑色。

【生态习性】栖息于湖泊、水库、水塘、苇塘、水渠、河湾和深水沼泽等生境；以小鱼、虾、水生昆虫、节肢动物、软体动物及水生植物为食；繁殖期5—7月，每窝产卵7～12枚，孵化期约24天，雏鸟早成。

【种群现状】大山包记录数量超过50只。

李世俊 摄

034

灰鹤

Grus grus

鹤形目
鹤科

♥ 保护等级：国家二级保护；CITES 附录 II。

♥ 居留状况：11 月初至翌年 3 月底，冬候鸟。

吴太平 摄

【形态特征】体长约 120 厘米，全身大部分呈灰色，虹膜红褐色，嘴暗绿色，腿灰黑色，前顶冠黑色而裸露皮肤红色，头及颈深青灰色，眼至颈背有一道宽的白色条纹，初级飞羽端部、次级飞羽端部和尾羽端部均缀有黑色斑。

【生态习性】栖息于开阔平原、草地、沼泽、河滩、湖泊以及农田等生境；主要以植物的根、茎、叶、果实和种子为食，偶尔也吃昆虫、蚯蚓、蛙等；繁殖期 4—6 月，每窝产卵 2～3 枚，孵化期约 30 天，雏鸟早成。

【种群现状】大山包记录数量 10～30 只。

郑远见 摄

黑颈鹤

鹤形目
鹤科

Grus nigricollis

♥ 保护等级：国家一级保护；CITES 附录 I；世界近危（NT）。

♥ 居留状况：10 月底至翌年 4 月底，冬候鸟。

成鸟 / 吴太平 摄

【形态特征】体长约 150 厘米，虹膜黄褐色，嘴灰绿色，腿灰褐色，头、喉及整个颈黑色而眼下、眼后具白色块斑，头顶裸露皮肤红色，飞羽及尾羽黑色，背部灰褐色，身体其他部位灰白或白色。

【生态习性】栖息于海拔 2500～5000 米的高原沼泽地、湖泊及河滩等湿地生境；主要以植物的各部位及种子为食，偶尔也吃昆虫、鱼、蛙等动物；繁殖期 5—7 月，每窝产卵 1～3 枚，孵化期约 33 天，雏鸟早成。

【种群现状】全球数量约 17000 只，大山包记录最大数量 2260 只。

幼鸟 / 孔德军 摄

夜鹭

Nycticorax nycticorax

鹈形目
鹭科

♥ 保护等级：三有动物。

♥ 居留状况：10 月底至翌年 3 月初，冬候鸟。

李世俊 摄

【形态特征】体长约 61 厘米，身体粗壮，虹膜血红色，嘴粗壮呈黑色，眼先裸露部分黄绿色，腿黄色；雄鸟头顶至背黑绿色而具金属光泽，颈及胸白，颈背具两条白色丝状羽，背黑，翼及尾灰色；雌鸟通体棕褐色，背部杂以白斑，胸腹部有棕色纵纹。

【生态习性】栖息溪流、湖泊或水塘、江河、沼泽和水田等生境；以鱼、蛙、虾、水生昆虫等为食；繁殖期 4—7 月，每窝产卵 3～5 枚，孵化期约 22 天，雏鸟晚成。

【种群现状】大山包记录数量不足 10 只。

池鹭

Ardeola bacchus

鹈形目
鹭科

♥ 保护等级：三有动物。
♥ 居留状况：全年，留鸟。

郑远见 摄

【形态特征】体长约 47 厘米，虹膜黄褐色，嘴黄色而尖端黑色，脸和眼先裸露皮肤黄绿色，腿绿灰色，翼白色，身体具褐色纵纹；繁殖期头及颈深栗色，胸紫酱色；非繁殖期具褐色纵纹，飞行时体白而背部深褐色。

【生态习性】栖息于库塘、湖泊、稻田及沼泽湿地等生境；主要以小鱼、蟹、虾、蛙、小蛇和蚱蜢、蝗虫、螽斯、蟋蟀、蝲蛄、蜻蜓、鳞翅目幼虫和蝇类等动物为食，偶尔也吃少量植物性食物；繁殖期 3—7 月，每窝产卵 2 ～ 5 枚，孵化期约 23 天，雏鸟晚成。

【种群现状】大山包记录数量不足 10 只。

吴太平 摄

苍鹭

Ardea cinerea

鹈形目
鹭科

♥ 保护等级：三有动物。
♥ 居留状况：全年，留鸟。

李世俊 摄

【形态特征】体长约92厘米，虹膜黄色，嘴黄绿色，跗跖和趾黄褐色，爪黑色；身体细瘦，头、颈、胸及背白色，颈具黑色纵纹，头顶两侧和枕部黑色，由4根细长黑色羽毛组成的羽冠位于头顶和枕部两侧，背至尾灰色，翼角、两道胸斑和飞羽黑色，余部灰色。

【生态习性】栖息于江河、溪流、湖泊、水塘、海岸、沼泽、稻田、水域附近的森林等生境；以小型鱼类、泥鳅、虾、蝲蛄、蜻蜓幼虫、蜥蜴、蛙和昆虫等动物为食；繁殖期4—6月，每窝产卵3～6枚，孵化期约26天，雏鸟晚成。

【种群现状】大山包记录数量20～30只。

李世俊 摄

白鹭

Egretta garzetta

鹈形目
鹭科

- ♥ 保护等级：三有动物。
- ♥ 居留状况：留鸟或旅鸟，全年。

【形态特征】体长约 60 厘米，虹膜黄色，脸部裸露皮肤黄绿色，嘴黑色，腿黑色而趾黄色；体型纤瘦，全身白色；繁殖期颈背具细长饰羽，背及胸具蓑状羽。

【生态习性】栖息于稻田、河岸、沙滩、泥滩、溪流及沼泽等生境；以小型鱼类、泥鳅、虾、蝲蛄、蜻蜓幼虫、蜥蜴、蛙和昆虫等动物为食；繁殖期 5—7 月，每窝产卵 2～4 枚，孵化期约 26 天，雏鸟晚成。

【种群现状】大山包记录数量 15～20 只。

赵子蛟 摄

李世俊 摄

普通鸬鹚

鲣鸟目
鸬鹚科

Phalacrocorax carbo

♥ 保护等级：三有动物。

♥ 居留状况：11月底至翌年3月初，冬候鸟。

【形态特征】体长约90厘米，虹膜蓝色，嘴基裸露皮肤黄色而余部黑色，脸颊及喉白色，腿黑色；繁殖期颈及头饰以白色丝状羽，脸部有红色斑，两胁具白色斑块，而非繁殖期则无此特征。

【生态习性】栖息于河流、湖泊、池塘、水库、河口及沼泽等生境；以各种鱼类为食；繁殖期4—6月，每窝产卵3～5枚，孵化期约30天，雏鸟晚成。

【种群现状】大山包记录数量不足10只。

韦铭 摄

韦铭 摄

黑翅长脚鹬

Himantopus himantopus

鸻形目
反嘴鹬科

♥ 保护等级：三有动物。

♥ 居留状况：8月底至10月初（冬季偶见），旅鸟。

罗顺义 摄

【形态特征】体长约37厘米，虹膜粉红色，细长的嘴黑色，翼黑色，修长的腿淡红色，体羽白色，颈背具黑色斑块，雄鸟夏季头顶至后颈黑色或白色而杂以黑色。

【生态习性】栖息于开阔平原草地中的湖泊、浅水塘、沼泽、河流浅滩、水稻田等生境；主要以软体动物、虾、甲壳类、环节动物、昆虫、小鱼和蝌蚪等动物为食；繁殖期5—7月，每窝产卵3～4枚，孵化期约18天，雏鸟早成。

【种群现状】大山包记录数量20～30只。

吴太平 摄

凤头麦鸡

Vanellus vanellus

**鸻形目
鸻科**

♥ 保护等级：三有动物；世界近危（NT）。
♥ 居留状况：11 月中旬至翌年 3 月初，旅鸟或冬候鸟。

吴太平 摄

【形态特征】体长约 30 厘米，虹膜暗褐色，嘴黑色，腿橙褐色，头顶具黑色反曲的长羽冠，颈侧白色杂以黑斑，胸黑色，背、肩和三级飞羽暗绿色或灰绿色并具棕色羽缘和金属光泽，腹部及喉部白色。

【生态习性】栖息于湖泊、水塘、沼泽、河流、农田等生境；主要以甲虫、鞘翅目、金花虫、天牛幼虫、蚂蚁、石蛾、蝲蛄、虾、蜗牛、螺、蚯蚓等动物为食，偶尔也食植物种子和嫩叶；繁殖期 5—7 月，每窝产卵 3～5 枚，孵化期约 28 天，雏鸟早成。

【种群现状】大山包记录数量 20～30 只。

罗顺义 摄

灰头麦鸡

Vanellus cinereus

鸻形目
鸻科

♥ 保护等级：三有动物。
♥ 居留状况：11月底和3月中旬（冬季罕见），旅鸟。

吴太平 摄

【形态特征】体长约35厘米，虹膜红褐色，嘴黄色且先端黑色，腿和爪黄色，头、颈及胸灰色，胸腹结合部黑褐色，背褐色，翼尖、胸带及尾部横斑黑色，翼后余部、腰、尾及腹部白色。

【生态习性】栖息于草地、沼泽、湖泊滩涂、河边、水塘、水田等生境；主要以甲虫、蝗虫、蚱蜢、鞘翅目、直翅目、水蛭、螺、蚯蚓、软体动物等为食，偶尔也取食植物的嫩叶及种子；繁殖期5—7月，每窝产卵3～4枚，孵化期约28天，雏鸟早成。

【种群现状】大山包记录数量为不足10只。

李世俊 摄

金鸻

Pluvialis fulva

鸻形目
鸻科

♥ 保护等级：三有动物。
♥ 居留状况：春季和秋季途经大山包，旅鸟。

罗顺义 摄

【形态特征】体长约 25 厘米，虹膜褐色，嘴黑色，腿灰色；非繁殖期背部灰褐色且羽缘淡金黄色，体下灰白色杂以黄褐斑，眉线黄白色；繁殖期脸、喉、胸前及腹部均为黑色，头侧、颈侧至胸侧有一条连续而醒目的白色带，余部颜色较非繁殖期深。

【生态习性】栖息于农田、水塘、滩涂、沼泽、草地等生境；主要以甲虫、鞘翅目昆虫、鳞翅目昆虫、直翅目昆虫、蠕虫、小螺、软体动物和甲壳类动物等为食；繁殖期 5—7 月，每窝产卵 4 ～ 5 枚，孵化期约 27 天。

【种群现状】大山包记录数量不足 10 只。

针尾沙锥

Gallinago stenura

鸻形目
鹬科

♥ 保护等级：三有动物。
♥ 居留状况：9月中旬至翌年3月底，冬候鸟。

韦铭 摄

【形态特征】体长约24厘米，虹膜褐色，嘴细长而直，嘴端深色，腿青黄色，两翼圆，上体淡褐色杂以白、黄及黑色的纵纹及蠕虫状斑纹，下体白色，胸沾赤褐且多具黑色细斑。

【生态习性】栖息于沼泽、稻田、湿草地、潮湿洼地等生境；主要以昆虫、昆虫幼虫、甲壳类和软体动物等为食；繁殖期5—7月，每窝产卵4枚，孵化期约20天，雏鸟早成。

【种群现状】大山包记录数量超过10只。

白腰草鹬

Tringa ochropus

鸻形目
鹬科

♥ 保护等级：三有动物。
♥ 居留状况：仅秋末或春初旅经大山包，旅鸟。

【形态特征】体长约 23 厘米，矮胖型，通体大部绿褐色，虹膜暗褐色，嘴基暗绿而端黑，上体灰褐色杂白点，两翼及下背黑色，尾白而端部具黑色横斑，腿修长呈橄榄绿色，冬羽较夏羽淡。

【生态习性】栖息于沿海、湖泊、河流、沼泽、库塘、滩涂等生境；以蠕虫、虾、小鱼、蜘蛛、小蚌、田螺、昆虫等小型动物为食；繁殖期 5—7 月，每窝产卵 3～4 枚，孵化期约 22 天，雏鸟早成。

【种群现状】大山包记录数量不足 10 只。

吴太平 摄

鹤鹬

Tringa erythropus

鸻形目
鹬科

♥ 保护等级：三有动物。

♥ 居留状况：仅秋末或春初旅经大山包，旅鸟。

韦铭 摄

【形态特征】体长约 30 厘米，虹膜黑褐色，嘴基橙红色而尖部黑色，腿修长呈橘红色；繁殖期头及上体灰褐色并具黑褐色羽干纹，上背及翅具黑色横斑，下背及腰白色，尾白色杂以黑褐色横斑；非繁殖期头及上体灰褐色且无黑褐色羽干纹，头至胸侧具淡褐色羽干纹，腹部白色，具明显白色倒"八"字形眉纹。

【生态习性】栖息于库塘、湖泊、沼泽、农田、沿海滩涂、潮间带等生境；以各种水生昆虫、幼虫、软体动物、甲壳动物、鱼、虾等为食；繁殖期 5—7 月，每窝产卵 3～5 枚，孵化期约 24 天，雏鸟早成。

【种群现状】大山包记录数量不足 10 只。

青脚鹬

Tringa nebularia

鸻形目
鹬科

♥ 保护等级：三有动物。
♥ 居留状况：仅秋末或春初旅经大山包，旅鸟。

吴太平 摄

【形态特征】体长约 32 厘米，虹膜黑褐色，嘴基绿灰而端黑且微向上翘，喉、胸具黑褐色纵斑或纵纹，背及腰白色，尾端具有黑色细斑，腿修长呈淡绿色。

【生态习性】栖息于沿海和内陆的沼泽及河流滩涂等生境；以虾、蟹、小鱼、螺、水生昆虫和昆虫幼虫为食；繁殖期 5—7 月，每窝产卵 3～5 枚，孵化期约 25 天，雏鸟早成。

【种群现状】大山包记录数量为不足 10 只。

林鹬

鸻形目
鹬科

Tringa glareola

♥ 保护等级：三有动物。
♥ 居留状况：仅秋末或春初旅经大山包，旅鸟。

吴太平 摄

【形态特征】体长约 20 厘米，体型纤细，虹膜暗褐色，嘴基黄绿而端黑，前颈和上胸灰白色而杂以黑褐色纵纹，上体灰褐色杂棕白色斑点，额、喉、眉纹、腹、腰及臀白色，尾白并具褐色横斑，腿淡黄至橄榄绿色。

【生态习性】栖息于开阔沼泽、湖泊滩涂、库塘、溪流、水田等生境；主要以直翅目和鳞翅目昆虫、蠕虫、虾、蜘蛛、软体动物和甲壳类等小型动物为食，偶尔也吃少量植物种子；繁殖期 5—7 月，每窝产卵 3～4 枚，孵化期约 20 天，雏鸟早成。

【种群现状】大山包记录数量为 10～20 只。

红嘴鸥

Chroicocephalus ridibundus

鸻形目
鸥科

♥ 保护等级：三有动物。

♥ 居留状况：秋末或春初旅经大山包（冬季罕见），旅鸟。

李世俊 摄

【形态特征】体长约 40 厘米，虹膜暗褐色，嘴和腿均为红色，身体大部白色，尾黑色；繁殖期头至颈上部深褐色，非繁殖期头白而眼后具黑色斑点。

【生态习性】栖息于沿海、内陆河流、湖泊、沼泽等生境；以小鱼、虾、水生昆虫、软体动物、蝇、蜥蜴及动物尸体等为食；繁殖期 4—6 月，每窝产卵 2～6 枚，孵化期约 24 天，雏鸟早成。

【种群现状】大山包记录数量 120～150 只。

李世俊 摄

渔鸥

Ichthyaetus ichthyaetus

鸻形目
鸥科

♥ 保护等级：三有动物。

♥ 居留状况：秋末或冬初旅经大山包（冬季罕见），旅鸟。

李世俊 摄

【形态特征】体长约 68 厘米的大型鸥类，虹膜暗褐色，嘴粗状且基部黄色而端部黑色带红环，背灰色；繁殖期头黑而嘴厚重且呈淡黄色，上下眼睑白色；非繁殖期头白，眼周具暗斑，头顶有深色纵纹，嘴上红色大部分消失。

【生态习性】栖息于海岸、海岛、咸水湖或淡水湖、河流等生境；以鱼、鸟卵、雏鸟、蜥蜴、昆虫、甲壳类、动物尸体等为食；繁殖期 4—6 月，每窝产卵 2～4 枚，孵化期约 30 天，雏鸟早成。

【种群现状】大山包记录数量不足 10 只。

短耳鸮

Asio flammeus

鸮形目
鸱鸮科

♥ 保护等级：国家二级保护；CITES 附录Ⅱ。
♥ 居留状况：11 月初至翌年 2 月底，冬候鸟。

罗顺义 摄

【形态特征】体长约 38 厘米的中型猛禽，虹膜金黄色，嘴深黑色，腿乳白色，耳羽较短，面盘棕黄色，眼周具黑色眼影，胸腹部棕色具黑褐色纵纹，背（翅）、尾棕黄色杂以黑褐色斑。

【生态习性】栖息于开阔草原、沼泽湿地、疏林地等生境；以鼠类、小鸟、蜥蜴、昆虫、植物果实及种子为食；繁殖期 4—7 月，每窝产卵 3～10 枚，孵化期约 27 天，雏鸟晚成。

【种群现状】大山包记录数量不足 10 只。

李世俊 摄

053

白肩雕 | 鹰形目 鹰科

Aquila heliaca

♥ 保护等级：国家一级保护；CITES 附录 I；世界易危（VU）。

♥ 居留状况：11 月中旬至翌年 3 月底，冬候鸟。

曾祥乐 摄

【形态特征】体长约 80 厘米，虹膜红褐色，嘴蓝灰褐色，蜡膜及腿黄色，额至头顶黑褐色，头余部棕褐色，颈背具黑褐色细纹，肩具白色斑，背、腰、尾、颏、喉、胸、腹及胁均为黑褐色，翅黑褐色且羽端白色，腿部淡黄褐色，跗跖被羽。

【生态习性】栖息于草原、河谷、阔叶林、针阔混交林、林缘及沼泽草甸等生境；以鸟类、啮齿类及家禽为食；繁殖期 4—7 月，每窝产卵 2～3 枚，孵化期约 45 天，雏鸟晚成。

【种群现状】大山包记录数量不足 10 只。

金雕

Aquila chrysaetos

鹰形目
鹰科

♥ 保护等级：国家一级保护；CITES 附录 II。
♥ 居留状况：全年，留鸟。

李世俊 摄

【形态特征】体长约 100 厘米的大型猛禽，虹膜栗褐色，嘴宽大呈黑色，蜡膜黄色，全身暗褐色，头顶至后颈羽毛金黄色，飞行时腰部白色清晰可见，腿黄色。

【生态习性】栖息于草原、荒漠、河谷、森林、丘陵、崖壁、沼泽等生境；以各种鸟类、啮齿类、兔类、犬类、羊、家禽等动物为食；繁殖期 2—5 月，每窝产卵 1～3 枚，孵化期约 45 天，雏鸟晚成。

【种群现状】大山包记录数量不足 10 只。

雀鹰

鹰形目
鹰科

Accipiter nisus

♥ 保护等级：国家二级保护；CITES 附录 II 。
♥ 居留状况：全年，留鸟。

【形态特征】体长约 40 厘米的中型猛禽，虹膜橙黄色，嘴浅灰色而端部黑色，蜡膜黄绿色，腿橙黄色。雄鸟脸颊棕色，有白色眉纹，上体暗灰色，下体白色且具棕色横斑，尾具黑褐色横斑；雌鸟体型较雄鸟大，脸颊棕色较少，下体具灰褐色横斑，余部与雄鸟相似。

【生态习性】栖息于针叶林、混交林、阔叶林、林缘、低山丘陵、草原、农田、河谷等生境；以鸟类、啮齿类、兔类、蛇等为食；繁殖期 5—7 月，每窝产卵 2～5 枚，孵化期约 35 天，雏鸟晚成。

【种群现状】大山包记录数量不足 10 只。

李世俊 摄

白尾鹞 | 鹰形目 鹰科

Circus cyaneus

♥ 保护等级：国家二级保护；CITES 附录 II。
♥ 居留状况：10 月底至翌年 3 月中旬。

雄鸟 ／赵子蛟 摄

【形态特征】体长约 50 厘米的中型猛禽，虹膜黄色，嘴黑色而基部蓝灰色、蜡膜黄绿色，腿黄色。雄鸟腰部白色，翼尖黑色，余部灰色；雌鸟体型较雄鸟小，上体褐色，下体具棕褐色纵纹。

【生态习性】栖息于湖泊、沼泽、河谷、草原、荒野、林间沼泽草甸、农田耕地等开阔生境；以小型鸟类、啮齿类、两栖类和大型昆虫等为食；繁殖期 4—7 月，每窝产卵 3～6 枚，孵化期约 31 天，雏鸟晚成。

【种群现状】大山包记录数量 10～20 只。

雌鸟 ／王远剑 摄

白尾海雕 | 鹰形目
Haliaeetus albicilla | 鹰科

♥ 保护等级：国家一级保护；CITES 附录 I。
♥ 居留状况：11 月底至翌年 2 月底，冬候鸟。

李世俊 摄

【形态特征】体长约 85 厘米的大型猛禽，虹膜、嘴、蜡膜及腿均呈黄色，尾巴楔形呈白色，余部黄褐色或褐色。

【生态习性】栖息于湖泊、河流、海岸岛屿、河口滩涂、沼泽湿地等生境；以鱼、鸟类及中小型哺乳动物为食；繁殖期 4—7 月，每窝产卵 1～3 枚，孵化期约 40 天，雏鸟晚成。

【种群现状】大山包记录数量不足 10 只。

李世俊 摄

普通鵟 | 鹰形目
Buteo japonicus | 鹰科

♥ 保护等级：国家二级保护；CITES 附录 II。
♥ 居留状况：10 月底至翌年 3 月底，冬候鸟。

吴太平 摄

【形态特征】体长约 55 厘米的中型猛禽，虹膜黄褐色，嘴灰色而端黑，蜡膜及腿黄色，全身大体呈褐色，胸腹部偏白且具棕色纵纹，翼宽而圆，初级飞羽基部具白色块斑，翼尖、翼角和飞羽的外缘为黑色或黑褐色，尾近端具黑色横纹，鼻孔与嘴裂平行。

【生态习性】栖息于开阔草原、旷野、农耕区、森林及林缘草地、村庄等生境；以啮齿类、兔、蛇、蜥蜴、鸟类及大型昆虫等为食；繁殖期 5—7 月，每窝产卵 1～6 枚，孵化期约 30 天，雏鸟晚成。

【种群现状】大山包记录数量 10～30 只。

罗顺义 摄

戴胜

犀鸟目
戴胜科

Upupa epops

♥ 保护等级：三有动物。
♥ 居留状况：全年，留鸟。

【形态特征】体长约 30 厘米，虹膜褐色，嘴细长且下弯呈黑色，头顶具粉棕色而尖端黑色的直立丝状冠羽，头、上背、肩及胸腹部淡栗棕色，翼及尾具黑白相间的横带，腿黑色。

【生态习性】栖息于森林及林缘、河谷、农田、草地、村庄、裸岩等生境；以蝗虫、蝼蛄、石蝇、金龟子、蛾类及蝶类、蟋蟀、天牛、甲虫、蠕虫、蜘蛛、蚯蚓等为食；繁殖期 4—7 月，每窝产卵 5～12 枚，孵化期约 20 天，雏鸟晚成。

【种群现状】大山包记录数量超过 10 只。

李世俊 摄

普通翠鸟

Alcedo atthis

佛法僧目
翠鸟科

♥ 保护等级：三有动物。

♥ 居留状况：全年，留鸟。

罗顺义 摄

【形态特征】体长约 17 厘米，虹膜褐色，贯眼纹橘黄色，头顶暗绿色杂以蓝色细斑，颈侧及颊具明显白斑，背具光泽且呈深蓝绿色，肩及翅暗绿色，胸腹部橙棕色，腿橘红色；雄鸟下嘴红色而雌鸟橘黄色，上嘴均为黑色，余部相似。

【生态习性】栖息于林间溪流、河谷、湖泊或库塘、水库、水田等生境；主要以小型鱼类、甲壳类及水生昆虫为食，偶尔也取食水生植物的茎、叶和种子（果实）；繁殖期 4—7 月，每窝产卵 5 ～ 12 枚，孵化期约 20 天，雏鸟晚成。

【种群现状】大山包记录数量不足 10 只。

大拟啄木鸟

Psilopogon virens

啄木鸟目
拟啄木鸟科

♥ 保护等级：三有动物。

♥ 居留状况：全年，留鸟。

吴太平 摄

【形态特征】体长约35厘米，虹膜褐色，嘴粗大呈浅黄色而端灰黑色，腿灰色，头、颈及喉蓝黑色，胸暗褐色，腹淡黄色杂以绿色纵纹，上背及肩绿褐色，下背、翅及尾草绿色，臀部红色。

【生态习性】栖息于常绿阔叶林、针阔叶混交林及村庄附近的森林等生境；主要以马桑、五加科植物以及其他植物的花、果实和种子为食，偶尔也取食各种昆虫；繁殖期4—8月，每窝产卵2～5枚，孵化期约16天，雏鸟晚成。

【种群现状】大山包记录数量不足10只。

灰头绿啄木鸟

Picus canus

啄木鸟目
啄木鸟科

♥ 保护等级：三有动物。

♥ 居留状况：全年，留鸟。

【形态特征】体长约 27 厘米，虹膜暗红色，嘴、头侧、颈侧及胸腹部灰色，颊具褐色细条纹，背及翅橄榄绿色，腿灰绿色；雄鸟额及头顶鲜红色，头顶后部至后颈灰黑色，而雌鸟额至后颈全为灰黑色。

【生态习性】栖息于阔叶林、混交林、次生林、林缘、针叶林、农田及村庄附近森林等生境；主要以蚂蚁、小蠹虫、天牛、鳞翅目、鞘翅目、膜翅目等昆虫为食，偶尔也取食山葡萄、红松、黄波萝和草本等植物的果实或种子；繁殖期 4—7 月，每窝产卵 8 ～ 11 枚，孵化期约 13 天，雏鸟晚成。

【种群现状】大山包记录数量不足 10 只。

李世俊 摄

大斑啄木鸟

Dendrocopos major

啄木鸟目
啄木鸟科

♥ 保护等级：三有动物。
♥ 居留状况：全年，留鸟。

【形态特征】体长约 24 厘米，虹膜暗红色，嘴灰色，脚灰色，头顶黑色，枕具红色斑，后颈及颈两侧具白色领圈，肩白色，背黑色，腰黑褐色而具白色端斑，翅黑色而翼缘具白斑，尾中央黑褐色而外侧白色具黑色横斑，颏、喉、前颈至胸腹部以及两胁白色沾桃红色，臀部红色；雄鸟额、眉、颊和耳羽白色，而雌鸟耳羽棕白色。

【生态习性】栖息于针叶林、针阔叶混交林、阔叶林、林缘次生林、村庄及农田附近的疏林等生境；以甲虫、小蠹虫、蝗虫、天牛、蚁类、蚊类、鳞翅类、鞘翅类、蜗牛、蜘蛛、蚯蚓等动物为食，偶尔也吃松子、稠李和其他植物种子等；繁殖期5—7月，每窝产卵 4～5 枚，孵化期约 16 天，雏鸟晚成。

【种群现状】大山包记录数量超过 10 只。

吴太平 摄

红隼

Falco tinnunculus

隼形目
隼科

♥ 保护等级：国家二级保护；CITES 附录Ⅱ。

♥ 居留状况：全年，留鸟。

雄鸟 / 李世俊 摄

【形态特征】体长约34厘米的猛禽，虹膜褐色，眼睑、蜡膜及腿黄色，嘴蓝灰色而端部黑色，具黑色髭纹，翅长且尖；雄鸟头顶至颈背灰色，背、肩和翅砖红色杂以近似三角形的黑色斑块，胸腹部棕黄色缀以黑褐色纵纹，尾蓝灰且无横斑；雌鸟头顶至后颈及颈侧黑褐色，背、肩和翅砖红色杂以三角形的黑色斑块，尾棕红色且具斑块。

【生态习性】栖息于森林、峡谷、丘陵、草原、旷野、农耕地、村庄附近等空旷的生境；以各种昆虫、小型鸟类、蛙类、蛇类、蜥蜴、鼠类等为食；繁殖期5—7月，每窝产卵3～8枚，孵化期约30天，雏鸟晚成。

【种群现状】大山包记录数量17～30只。

雌鸟 / 朱勇 摄

灰背隼
Falco columbarius

隼形目
隼科

♥ 保护等级：国家二级保护；CITES 附录 II。
♥ 居留状况：11 月初至翌年 3 月中旬，迁徙过境。

李世俊 摄

【形态特征】体长约 30 厘米的猛禽，虹膜暗褐色，眼睑、蜡膜及腿黄色，嘴蓝灰色，无髭纹，前额、眼先、眉纹、头侧、颊和耳羽均为污白色；雄鸟自头顶至尾为淡蓝灰色，尾端白色而次端黑色，胸腹部黄褐色并具黑褐色纵纹；雌鸟背及翅灰褐色，胸腹部偏白杂以棕褐色斑纹，尾具白色横斑。

【生态习性】栖息于低山丘陵、森林、林缘、林中空地、峡谷、草原、稀疏树林、沼泽草甸等开阔生境；以小型鸟类、鼠类、蜥蜴、蛙类、蛇类、各种昆虫等为食；繁殖期 4—7 月，每窝产卵 2～7 枚，孵化期约 30 天，雏鸟晚成。

【种群现状】大山包记录数量不足 10 只。

燕隼

Falco subbuteo

隼形目
隼科

♥ 保护等级：国家二级保护；CITES 附录 II。
♥ 居留状况：4 月至 8 月，夏候鸟。

韦铭 摄

【形态特征】体长约 32 厘米的猛禽，虹膜黑褐色，眼睑、蜡膜及腿黄色，嘴蓝灰色而端部黑色，面部黑色，颊部黑色髭纹且垂直向下，颈侧及喉白色，胸部及上腹部白色并具黑色纵纹，腿部覆羽、下腹部至臀部棕栗色，背部及翅深蓝褐色，翅膀狭长而尖，飞翔时呈镰刀状，翼下为白色并密布黑褐色横斑。

【生态习性】栖息于草原、旷野、耕地、海岸、疏林、林缘、村庄附近、湿地沼泽等开阔生境；以小型鸟类、鼠类、各种昆虫、蜥蜴、蛙类等为食；繁殖期 4—7 月，每窝产卵 2～4 枚，孵化期约 28 天，雏鸟晚成。

【种群现状】大山包记录数量不足 10 只。

游隼
Falco peregrinus

隼形目
隼科

♥ 保护等级：国家二级保护；CITES 附录 I 。
♥ 居留状况：全年，留鸟。

吴太平 摄

【形态特征】体长约 50 厘米的猛禽，虹膜暗褐色，眼睑、蜡膜及腿黄色，嘴蓝灰色而端黑色，头顶及脸颊蓝黑色，脸颊及髭纹黑褐色，髭纹宽阔并下垂，喉及髭纹前后白色，肩、背、腰、翅及尾蓝灰色并具黑色点斑及横纹，下体白，胸腹部白色或皮黄白色并具黑褐色横斑，胸具黑色纵纹，雌鸟比雄鸟体大。

【生态习性】栖息于山地、丘陵、荒漠、半荒漠、海岸、旷野、草原、河流、沼泽与湖泊沿岸、农田、耕地和村落附近等生境；以鸦类、鸥类、鸠鸽类、鸡类、秧鸡类、鼠类、兔类等为食；繁殖期 4—7 月，每窝产卵 2～6 枚，孵化期约 29 天，雏鸟晚成。

【种群现状】大山包记录数量不足 10 只。

长尾山椒鸟

Pericrocotus ethologus

雀形目
山椒鸟科

♥ 保护等级：**三有动物。**

♥ 居留状况：**3月底至9月初，夏候鸟。**

左雌右雄 / 韦铭 摄

【形态特征】体长约20厘米，虹膜暗褐色，嘴及腿黑色；雄鸟整个头至肩及中央尾羽亮黑色，翼黑色且具显著的赤红色翼斑，余部赤红色；雌鸟头顶、枕、后颈浅灰褐色，颊、耳羽浅灰色，上背灰绿色，下背及腰黄绿色，翼黑色且具黄色翼斑，中央尾羽黑色，余部金黄色。

【生态习性】栖息于常绿阔叶林、落叶阔叶林、针阔混交林、针叶林及村寨附近的次生林及杂木林等生境；以各种昆虫为食；繁殖期5—7月，每窝产卵2～4枚，孵化期约15天，雏鸟晚成。

【种群现状】大山包记录数量不足10只。

黑卷尾

Dicrurus macrocercus

雀形目
卷尾科

♥ 保护等级：三有动物。
♥ 居留状况：4月底至10月中旬，夏候鸟。

【形态特征】体长约30厘米，虹膜暗红色，嘴及腿黑色，通体蓝黑色具铜绿色光泽，嘴角有一污白色斑点，尾长且叉深而末端向外上方弯曲。

【生态习性】栖息于村落、城郊、农耕地、林缘等生境；以各种昆虫、蚯蚓等为食；繁殖期5—7月，每窝产卵3～4枚，孵化期约16天，雏鸟晚成。

【种群现状】大山包记录数量不足10只。

李世俊 摄

红尾伯劳

Lanius cristatus

雀形目
伯劳科

♥ 保护等级：三有动物。
♥ 居留状况：4月底至10月初，夏候鸟。

韦铭 摄

【形态特征】体长约20厘米，虹膜暗褐色，嘴及腿灰黑色，眼罩较宽呈黑色，颏、喉和颊白色，额至头顶前部淡灰色，头顶至肩灰褐色，背及腰棕褐色，尾棕红色，翅黑褐色，胸腹部棕白色，胁部棕红色。

【生态习性】栖息于灌丛、疏林、林缘、稀矮树木、农田耕地、灌草丛、村落周边等生境；以各种昆虫、蚯蚓、蜥蜴、植物果实或种子等为食；繁殖期5—7月，每窝产卵5～8枚，孵化期约15天，雏鸟晚成。

【种群现状】大山包记录数量不足10只。

棕背伯劳

Lanius schach

雀形目
伯劳科

♥ 保护等级：三有动物。
♥ 居留状况：全年，留鸟。

吴太平 摄

【形态特征】体长约 28 厘米，虹膜暗褐色，嘴及脚黑色，额、贯眼纹、眼周、耳羽连接形成宽阔的眼罩，颏、喉、胸及腹中心部位白色，背、腰、臀及胁棕红色，翼及尾黑色。

【生态习性】栖息于林缘、农田、果园、河谷、路旁、村落、灌草丛等生境；以各种昆虫、鼠类、蜥蜴、蚯蚓、蛙类、小型鸟类、动物尸体及植物种子等为食；繁殖期 4—7 月，每窝产卵 3～6 枚，孵化期约 14 天，雏鸟晚成。

【种群现状】大山包记录数量不足 10 只。

灰背伯劳

Lanius tephronotus

雀形目
伯劳科

♥ 保护等级：三有动物。
♥ 居留状况：全年，留鸟。

【形态特征】体长约 25 厘米，虹膜暗褐色，嘴及腿黑色；雄鸟额基、贯眼纹、眼周及耳羽连接成黑色眼罩，头顶至下背灰蓝色，喉白色，腰及尾上覆羽锈棕色，中央尾羽黑色，外侧尾羽暗褐色，胸腹部棕白色；雌鸟额基黑色较窄，眼上略有白纹，头顶灰羽染浅棕，肩羽染棕，胸腹污白染锈棕色，余部与雄鸟相似。

【生态习性】栖息于村落及农田附近的疏林地、灌草丛等生境；以各种昆虫、鼠类、蜥蜴、蚯蚓、蛙类、动物尸体及植物种子等为食；繁殖期 5—7 月，每窝产卵 4～5 枚，孵化期约 14 天，雏鸟晚成。

【种群现状】大山包记录数量 50～100 只。

左雄右雌 / 李世俊 摄

红嘴蓝鹊

Urocissa erythrorhyncha

雀形目
鸦科

♥ 保护等级：三有动物。

♥ 居留状况：全年，留鸟。

【形态特征】体长约 60 厘米，虹膜橘红色，嘴及腿红色，头、喉、颈及胸黑色，头顶至后颈覆羽羽端灰白色并形成大型块斑，背、肩、腰及翼紫蓝灰色，尾羽紫蓝色而末端具有黑白相间的带状斑，胸腹部蓝灰色。

【生态习性】常集小群活动，栖息于常绿阔叶林、针叶林、针阔混交林、次生林、村落附近等生境；以植物果实（种子）、垃圾、各种昆虫及动物尸体为食；繁殖期 5—7 月，每窝产卵 3～6 枚，孵化期约 16 天，雏鸟晚成。

【种群现状】大山包记录数量不足 10 只。

韦铭 摄

喜鹊

Pica serica

雀形目
鸦科

♥ 保护等级：三有动物。

♥ 居留状况：全年，留鸟。

李世俊 摄

【形态特征】体长约46厘米，虹膜暗褐色，嘴及腿黑色，头、颈、背及胸黑色，肩、腹及胁纯白色，翼及尾黑色具深绿色光泽，尾长。

【生态习性】喜集小群活动于草原、农田、城区、村落、森林及公路旁等生境；以各种昆虫、蚯蚓、动物尸体、垃圾、植物果实及种子等为食；繁殖期3—6月，每窝产卵5～11枚，孵化期约18天，雏鸟晚成。

【种群现状】大山包记录数量超100只。

星鸦

Nucifraga caryocatactes

**雀形目
鸦科**

♥ 保护等级：三有动物。
♥ 居留状况：全年，留鸟。

李世俊 摄

【形态特征】体长约 38 厘米，虹膜深褐色，嘴及腿黑色，通体咖啡褐色且密布白色斑点，翼黑褐色，臀及尾端白色。

【生态习性】性孤僻，常单独或成对活动于针叶林或杉木林等生境；以松子为食，具藏储松子的习性；繁殖期 4—7 月，每窝产卵 3～4 枚，孵化期约 18 天，雏鸟晚成。

【种群现状】大山包记录数量 20～30 只。

红嘴山鸦

Pyrrhocorax pyrrhocorax

**雀形目
鸦科**

♥ 保护等级：三有动物。
♥ 居留状况：全年，留鸟。

郑远见 摄

【形态特征】体长约 45 厘米，虹膜暗褐色，嘴（下弯）及腿红色，余部亮黑色。

【生态习性】常集群活动于河谷岩石、高山草地、稀树草坡、灌草丛、高山裸岩、沼泽草甸等开阔生境；以各种昆虫、动物尸体、植物果实及种子等为食；繁殖期 4—7 月，每窝产卵 3～9 枚，孵化期约 18 天，雏鸟晚成。

【种群现状】大山包记录数量超过 300 只。

达乌里寒鸦

雀形目
鸦科

Corvus dauuricus

♥ 保护等级：三有动物。
♥ 居留状况：11 月底至翌年 3 月初，冬候鸟。

【形态特征】体长约 32 厘米，虹膜黑褐色，嘴及腿黑色，枕至后颈、颈侧、胸腹部均为白色，余部黑色具蓝紫色金属光泽。

【生态习性】栖息于山地、丘陵、平原、农田、旷野等生境；以各种昆虫、谷物、浆果、动物尸体、鸟蛋等为食；繁殖期 4—7 月，每窝产卵 4～8 枚，孵化期约 18 天，雏鸟晚成。

【种群现状】大山包记录数量超过 20 只。

韦铭 摄

大嘴乌鸦

Corvus macrorhynchos

雀形目
鸦科

♥ 居留状况：**全年，留鸟。**

李世俊 摄

【**形态特征**】体长约 50 厘米，虹膜暗褐色，嘴及腿黑色，鼻须（鼻毛）没有覆盖住上嘴最顶部，头顶呈拱圆形，全身黑色具蓝紫色金属光泽。

【**生态习性**】栖息于林间路旁、河谷、海岸、农田、沼泽、草地、林缘及村庄附近等生境；以各种昆虫、雏鸟、鸟卵、鼠类、腐肉、动物尸体、植物果实（种子）或嫩芽、谷物等为食；繁殖期 3—6 月，每窝产卵 3～5 枚，孵化期约 18 天，雏鸟晚成。

【**种群现状**】大山包记录数量不足 10 只。

大山雀
Parus minor

雀形目
山雀科

♥ 保护等级：三有动物。
♥ 居留状况：全年，留鸟。

李世俊 摄

【形态特征】体长约 14 厘米，虹膜暗褐色，嘴及腿灰褐色，头颈部整体为黑色，两颊各有一个近似三角形的大白斑，翼具一道灰白色条纹，颏、喉和前胸形成一道向腹部延伸的黑色带，上背及肩黄绿色，下背及尾灰蓝色。

【生态习性】栖息于阔叶林、针叶林、针阔混交林、村落等生境；以各种昆虫、蚯蚓、蜘蛛、蜗牛及植物种子为食；繁殖期 4—8 月，每窝产卵 6～15 枚，孵化期约 15 天，雏鸟晚成。

【种群现状】大山包记录数量 50～100 只。

绿背山雀

雀形目
山雀科

Parus monticolus

♥ 保护等级：三有动物。
♥ 居留状况：全年，留鸟。

【形态特征】体长约 14 厘米，虹膜暗褐色，嘴黑色，腿青灰色，头颈部黑色具蓝色光泽，面颊具近似三角形的白斑，后颈亦有一白斑，额、喉和前胸形成一道向腹部延伸至臀部的黑色带，黑色带两侧及胁全为黄绿色，背及肩黄绿色，翅上覆羽具白色端斑并形成明显的白色翅带，翼及尾灰蓝色。

【生态习性】栖息于森林或林缘、村落等生境；以各种昆虫、蚯蚓、蜘蛛、蜗牛及植物种子为食；繁殖期 4—8 月，每窝产卵 4～8 枚，孵化期约 15 天，雏鸟晚成。

【种群现状】大山包记录数量超 50 只。

李世俊 摄

小云雀

Alauda gulgula

雀形目
百灵科

♥ 保护等级：三有动物。

♥ 居留状况：全年，留鸟。

郑远见 摄

【形态特征】体长约 16 厘米，虹膜褐色，嘴褐色而基部淡黄色，腿淡红色，眼先和眉纹棕白色，耳羽淡栗色，额至头顶具棕褐色凤头，整个背部棕褐色并密布黑褐色条纹，胸棕色具黑褐色纵纹，腹部及臀部棕白色，尾黑褐色具窄的棕白色羽缘。

【生态习性】栖息于草地、河流、灌草丛、荒坡、农田耕地及沼泽草甸等生境，秋冬季集大群活动，春夏季则很少集群；以各种昆虫、植物种子、谷物为食；繁殖期 4—7 月，每窝产卵 3～5 枚，孵化期约 15 天，雏鸟晚成。

【种群现状】大山包记录数量超 1000 只。

郑远见 摄

黄臀鹎

雀形目
鹎科

Pycnonotus xanthorrhous

♥ 保护等级：三有动物。
♥ 居留状况：全年，留鸟。

李世俊 摄

【形态特征】体长约 20 厘米，虹膜棕褐色，嘴及腿黑色，额至颈背具黑色顶冠，耳羽棕褐色，颏及喉纯白色，背、肩、腰至尾基棕褐色，翼及尾暗褐色，胸灰褐色，腹及胁淡灰褐色，臀部金黄色。

【生态习性】栖息于针阔混交林、次生阔叶林缘、灌木丛、稀树草丛、灌草丛、居民区、农田附近等生境；以植物果实及种子、谷物、各种昆虫、蚯蚓等为食；繁殖期 4—7 月，每窝产卵 2～5 枚，孵化期约 15 天，雏鸟晚成。

【种群现状】大山包记录数量 10～20 只。

李世俊 摄

白喉红臀鹎

Pycnonotus aurigaster

雀形目
鹎科

♥ 保护等级：三有动物。
♥ 居留状况：全年，留鸟。

李世俊 摄

【形态特征】体长约 20 厘米，虹膜暗褐色，嘴及脚黑色，额至枕具富有光泽的黑色羽冠，耳羽、喉、胸腹及胁灰白色，背及肩灰白色具黑褐色斑点，翼黑褐色，尾黑褐色且末端白色，臀部血红色。

【生态习性】栖息于针叶林、针阔混交林、疏林、竹林、灌草丛、居民区、林缘等生境；以各种植物果实及种子、各种昆虫、蚯蚓、谷物等为食；繁殖期 5—7 月，每窝产卵 2～3 枚，孵化期约 15 天，雏鸟晚成。

【种群现状】大山包记录数量不足 10 只。

黄眉柳莺
Phylloscopus inornatus

雀形目
柳莺科

♥ 保护等级：三有动物。

♥ 居留状况：11月初至翌年3月中旬，冬候鸟。

吴太平 摄

【形态特征】体长约10厘米，虹膜暗褐色，嘴黑褐色而下嘴基淡黄色，腿粉褐色，眉纹乳白色，贯眼纹、头顶至后颈均为绿褐色，背橄榄绿色，翅黑褐色具两道淡黄色翼斑，下体颏至臀部及胁灰白色而略沾黄绿色。

【生态习性】栖息于针叶林、针阔混交林、林缘、灌丛、绿化带、果园、村落等生境；以各种昆虫为食；繁殖期5—8月，每窝产卵2～5枚，孵化期约11天，雏鸟晚成。

【种群现状】大山包记录数量不足10只。

黄腰柳莺

Phylloscopus proregulus

雀形目
柳莺科

♥ 保护等级：三有动物。
♥ 居留状况：4月初至10月底，夏候鸟。

韦铭 摄

【形态特征】体长约9厘米，虹膜暗褐色，嘴黑色而基部橙黄色，腿淡红褐色，眉纹和头顶中央冠纹黄绿色，贯眼纹暗褐色，头顶、枕、颈背、背及肩橄榄绿色，翼上具两道黄绿色条纹，腰黄色，尾黑褐色，下体颏至臀部及胁灰白色而略沾黄绿色。

【生态习性】栖息于针叶林、针阔叶混交林及林缘等生境；以各种昆虫为食；繁殖期5—7月，每窝产卵4～5枚，孵化期约11天，雏鸟晚成。

【种群现状】大山包记录数量不足10只。

黄腹柳莺 | 雀形目
柳莺科

Phylloscopus affinis

♥ 保护等级：三有动物。
♥ 居留状况：11 月初至翌年 3 月中旬，冬候鸟。

韦铭 摄

【形态特征】体长约 10 厘米，虹膜及上嘴暗褐色，下嘴淡黄色，腿淡黄褐色，具长而粗的黄色眉纹，贯眼纹淡黑色，颏、喉及胸黄绿色，腹及胁浅黄色，背及肩橄榄绿色，翅和尾（略凹）暗褐色。

【生态习性】栖息于森林、灌草丛、林缘、居民区附近等生境；以各种昆虫为食；繁殖期 5—8 月，每窝产卵 3～5 枚，孵化期约 14 天，雏鸟晚成。

【种群现状】大山包记录数量不足 10 只。

褐柳莺

Phylloscopus fuscatus

雀形目
柳莺科

♥ 保护等级：三有动物。
♥ 居留状况：11 月初至翌年 3 月中旬，冬候鸟。

韦铭 摄

【形态特征】体长约 12 厘米，虹膜及上嘴暗褐色，下嘴偏黄色，腿细长呈红褐色，眉纹棕白色，两翼短圆，尾圆而略凹，胸及胁黄褐色，腹乳白色，余部深褐色。
【生态习性】栖息于阔叶林、针阔叶混交林、针叶林林缘、疏林、灌丛、居民区附近等生境；以各种昆虫为食；繁殖期 5—7 月，每窝产卵 4～6 枚，孵化期约 14 天，雏鸟晚成。
【种群现状】大山包记录数量不足 10 只。

棕腹柳莺

Phylloscopus subaffinis

| 雀形目
| 柳莺科

♥ 保护等级：三有动物。
♥ 居留状况：4 月初至 10 月底，夏候鸟。

韦铭 摄

【形态特征】体长约 11 厘米，虹膜褐色，嘴深褐色而基部淡黄色，腿暗褐色，额及喉淡棕黄色，眉纹、胸腹部及胁棕黄色，额至尾橄榄绿色，翼及尾褐色。

【生态习性】栖息于阔叶林、针叶林、林缘、灌草丛及村落附近等生境；以各种昆虫为食；繁殖期 5—9 月，每窝产卵 3～5 枚，孵化期约 14 天，雏鸟晚成。

【种群现状】大山包记录数量不足 10 只。

黑眉长尾山雀

Aegithalos bonvaloti

雀形目
长尾山雀科

♥ 保护等级：三有动物。
♥ 居留状况：全年，留鸟。

【形态特征】体长约 11 厘米，虹膜橘黄色，嘴黑色，脚棕褐色，额至头顶具宽阔的白色中央冠纹，至后颈变为淡棕色，头顶两侧及眼周连成宽阔的褐色眉纹，颈侧、颊及上胸连接成白色圈，背及腰灰棕色，翅暗褐色，尾黑褐色，额及喉黑色杂以白色，腹中部白色，下胸、两胁及臀部棕栗色。

【生态习性】栖息于针叶林、针阔混交林、灌丛及村落附近、林缘等生境；以各种昆虫和草本植物草子为食；繁殖期 4—6 月，每窝产卵 4～5 枚，孵化期约 15 天，雏鸟晚成。

【种群现状】大山包记录数量 30～50 只。

李世俊 摄

白眉雀鹛

Fulvetta vinipectus

雀形目
鸦雀科

♥ 保护等级：三有动物。

♥ 居留状况：全年，留鸟。

【形态特征】体长约 12 厘米，虹膜黄白色，嘴及腿灰褐色，头顶至上背灰褐色，颊及耳羽黑褐色，白色的眉纹上方具延伸到颈背侧的黑色细纹，下背至尾基、下胸至臀部黄褐色，尾褐色，颏至上胸灰白色。

【生态习性】栖息于常绿阔叶林、针阔混交林、针叶林、箭竹灌丛等生境，常集小群活动；以各种昆虫、植物果实或种子为食；繁殖期 4—8 月，每窝产卵 1～4 枚，孵化期约 17 天，雏鸟晚成。

【种群现状】大山包记录数量 30～50 只。

吴太平 摄

暗色鸦雀

Sinosuthora zappeyi

雀形目
鸦雀科

♥ 保护等级：国家二级保护；世界易危（VU）。

♥ 居留状况：全年，留鸟。

韦铭 摄

【形态特征】体长约12厘米，虹膜暗褐色，眼圈白色，黄色的嘴短小，腿灰褐色，额至头顶暗灰色，具浓密灰色冠羽，枕至后颈、颈侧及额至腹基均为浅灰色，背及翼棕褐色，初级飞羽银白色，尾灰褐色，腹至臀及胁浅棕褐色。

【生态习性】由于该种仅见于四川（泸定、峨眉、峨边及甘洛）、贵州（威宁及赫章）及云南昭通大山包等狭小区域，且数量稀少，目前知道它们喜结小群栖息于箭竹灌丛及林缘等生境，以鳞翅目昆虫、甲虫和草籽等为食，而关于其繁殖生态方面的资料未见报道。

【种群现状】中国特有种，大山包记录数量26只。

白领凤鹛

Parayuhina diademata

雀形目
绣眼鸟科

♥ 保护等级：三有动物。
♥ 居留状况：全年，留鸟。

吴太平 摄

【形态特征】体长约 17 厘米，虹膜红褐色，上嘴黄褐色而下嘴黄色，腿粉黄色，头顶具栗褐色蓬松羽冠，眼先及额黑褐色，白色宽眼圈与枕至后颈白色斑块融为一体形成白色的领，上体背至尾基淡栗褐色，尾及翼黑褐色，颏及喉暗褐色，胸及胁灰褐色，腹及臀白色。

【生态习性】栖息于阔叶林、针阔叶混交林、针叶林、竹林灌丛以及村落附近的果园和农田等生境；以各种昆虫、植物果实及种子等为食；繁殖期 5—8 月，每窝产卵 2～3 枚，孵化期约 14 天，雏鸟晚成。

【种群现状】大山包记录数量超过 20 只。

灰腹绣眼鸟

Zosterops palpebrosus

雀形目
绣眼鸟科

♥ 保护等级：三有动物。

♥ 居留状况：全年，留鸟。

【形态特征】体长约 12 厘米，虹膜黄褐色，眼圈白色，嘴黑色，腿蓝灰色，整个头及颈、背至尾基、额至上胸均为黄绿色，飞羽黑褐色沾黄绿色，尾黑褐色，下胸和腹部灰色，臀部金黄色。

【生态习性】栖息于常绿阔叶林、针阔混交林、林缘、灌丛、村落附近的农田及果园等生境；以各种昆虫和植物果实及种子、谷物等为食；繁殖期 4—7 月，每窝产卵 2～3 枚，孵化期约 11 天，雏鸟晚成。

【种群现状】大山包记录数量超过 10 只。

韦铭 摄

斑胸钩嘴鹛

Erythrogenys gravivox

雀形目
林鹛科

♥ 保护等级：三有动物。
♥ 居留状况：全年，留鸟。

韦铭 摄

【形态特征】体长约 24 厘米，虹膜黄色，灰褐色的嘴长且下弯曲，脚红褐色，额基、脸颊、胁、腿覆羽及臀部棕色，头顶及颈背褐色具细纹，背部橄榄褐色，翅及尾褐色，颏及上喉纯白色，下喉及胸白色具黑色纵纹或点斑。

【生态习性】栖息于灌丛、森林、村落附近的果园或林地等生境；以各种昆虫、植物果实及种子等为食；繁殖期 4—7 月，每窝产卵 3～4 枚，孵化期约 16 天，雏鸟晚成。

【种群现状】大山包记录数量超过 10 只。

白颊噪鹛

Pterorhinus sannio

雀形目
噪鹛科

♥ 保护等级：三有动物。
♥ 居留状况：全年，留鸟。

李世俊 摄

【形态特征】体长约 25 厘米，虹膜及嘴暗褐色，腿灰褐色，额至枕栗红色，眉纹、眼先、脸颊相连呈棕白色，颈背、颈侧、下胸及腹部均为浅棕色，背（包括翅）至尾基棕褐色，尾暗棕色，颏至上胸棕褐色，臀部红棕色。

【生态习性】栖息于林缘、村落附近的灌丛、灌草丛、公园及果园等生境；以各种昆虫、蜘蛛、蜈蚣、植物果实及种子等为食；繁殖期 3—7 月，每窝产卵 3～4 枚，孵化期约 16 天，雏鸟晚成。

【种群现状】大山包记录数量 60～100 只。

矛纹草鹛

Pterorhinus lanceolatus

雀形目
噪鹛科

♥ 保护等级：三有动物。
♥ 居留状况：全年，留鸟。

吴太平 摄

【形态特征】体长约26厘米，虹膜黄色，嘴黑色，腿粉褐色，眼周及脸颊灰白色，具栗褐色髭纹，额至枕栗褐色具灰色羽缘，颈背、颈侧及背部密布灰白色和栗褐色相间的条纹，尾暗褐色具横斑，额及喉棕白色，胸腹部及胁灰白色且密布栗红色纵纹，臀部灰褐色。

【生态习性】栖息于稀树灌丛、竹林、常绿阔叶林、针阔叶混交林、针叶林或林缘灌丛、村落附近等生境；以各种昆虫、蚯蚓以及植物的叶、芽、果实和种子为食；繁殖期4—6月，每窝产卵3～4枚，孵化期约16天，雏鸟晚成。

【种群现状】大山包记录数量超50只。

吴太平 摄

橙翅噪鹛

Trochalopteron elliotii

雀形目
噪鹛科

♥ 保护等级：国家二级保护。

♥ 居留状况：全年，留鸟。

李世俊 摄

【形态特征】体长约 25 厘米，虹膜黄色，嘴黑色，脚棕褐色，眼先黑色，初级飞羽橙黄色且末端具灰蓝色鳞片斑，中央尾羽灰褐色而外侧尾羽暗灰色，尾羽先端均具大型白斑，下腹部及臀部砖红色，余部灰褐色。

【生态习性】栖息于林缘、灌丛、竹林、村庄附近灌草丛等生境；以各种昆虫、植物果实或种子、谷物等为食；繁殖期 4—7 月，每窝产卵 2～3 枚，孵化期约 16 天，雏鸟晚成。

【种群现状】中国特有种，大山包记录数量超 50 只。

红翅旋壁雀

Tichodroma muraria

雀形目
鸱科

♥ 保护等级：三有动物。
♥ 居留状况：全年，留鸟。

【形态特征】体长约16厘米，虹膜暗褐色，黑色的嘴细长，腿棕褐色，上体额至颈背、颈侧、背及肩、翅覆羽等均为淡灰色，翼具显著的绯红色带斑，飞羽黑色且具两排白色点斑，黑色而短的尾先端白色，额至上胸白色，下胸及腹部暗灰蓝色。

【生态习性】栖息于崖壁、草原及森林沟边等生境；以各种昆虫、地衣苔藓及草籽等为食。

【种群现状】大山包记录数量不足10只。

韦铭 摄

鹪鹩

Troglodytes troglodytes

雀形目
鹪鹩科

♥ 保护等级：三有动物。
♥ 居留状况：全年，留鸟。

【形态特征】体长约 10 厘米，虹膜暗褐色，嘴及腿褐色，眉纹棕黄色，颏及喉部灰白色，翅及尾棕褐色且具黑褐色横斑，余部棕褐色。

【生态习性】栖息于森林、灌草丛、村落附近的果园及公园、山坡草地等生境；以蛾类、天牛、蠹类、蜣象、甲虫等为食；繁殖期 5—9 月，每窝产卵 4～6 枚，孵化期约 12 天，雏鸟晚成。

【种群现状】大山包记录数量不足 10 只。

曾祥乐 摄

黑胸鸫

Turdus dissimilis

雀形目
鸫科

♥ 保护等级：三有动物。

♥ 居留状况：全年，留鸟。

雄鸟 / 李世俊 摄

【形态特征】体长约 23 厘米，虹膜暗褐色，嘴及腿橘黄色；雄鸟头、颈及胸黑色，背、肩及翅深灰黑色，腰及尾暗灰色，下胸及两胁为特征性鲜亮栗色，腹中央及臀部白色，胁及腹部其他部位棕栗色；雌鸟上体从头至尾暗橄榄褐色，额及喉白色具褐色条纹，上胸灰褐色杂以黑色斑点，余部与雄鸟相似。

【生态习性】栖息于常绿阔叶林、针阔叶混交林及村落附近的灌丛等生境；以各种昆虫、蜗牛、蚯蚓及植物果实或种子等为食；繁殖期 5—7 月，每窝产卵 3～4 枚，孵化期约 16 天，雏鸟晚成。

【种群现状】大山包记录数量不足 10 只。

乌鸫

Turdus mandarinus

雀形目
鸫科

♥ 保护等级：三有动物。
♥ 居留状况：全年，留鸟。

郑远见 摄

【形态特征】体长约 29 厘米，虹膜褐色，眼圈黄色，嘴橙黄色或黑色，腿暗褐色，余部乌黑色。

【生态习性】栖息于阔叶林、针阔叶混交林、针叶林、灌丛、村落、山谷河流等生境；以各种昆虫、植物果实或种子等为食；繁殖期 5—7 月，每窝产卵 4～5 枚，孵化期约 14 天，雏鸟晚成。

【种群现状】大山包记录数量超过 20 只。

灰头鸫

雀形目
鸫科

Turdus rubrocanus

♥ 保护等级：三有动物。
♥ 居留状况：全年，留鸟。

李世俊 摄

【形态特征】体长约 25 厘米，虹膜暗褐色，眼圈、嘴及腿金黄色，整个头及颈、上胸灰褐色，背、肩、腰及尾基深棕栗色，翅和尾黑色，下胸、腹及两胁棕栗色，臀部黑褐色杂以灰白色，雌鸟较雄鸟色淡。
【生态习性】栖息于阔叶林、针阔混交林、低矮针叶林、竹林灌丛及村落等生境；以各种昆虫和植物果实或种子等为食；繁殖期 4—7 月，每窝产卵 3～5 枚，孵化期约 16 天，雏鸟晚成。
【种群现状】大山包记录数量 20～50 只。

棕腹仙鹟

Niltava sundara

雀形目
鹟科

♥ 保护等级：三有动物。
♥ 居留状况：4月初至9月中旬，夏候鸟。

韦铭 摄

【形态特征】体长约18厘米，虹膜暗褐色，嘴黑色；雄鸟具黑色眼罩，头侧、颈侧、颊、额及喉、翼均为蓝黑色，头顶、颈背、背、肩、腰及尾均为深蓝色，胸腹部棕红色；雌鸟额淡棕色，眼先、眼周、颊、耳皮黄色，颈侧具一淡蓝色斑，上胸有一白色条斑，腰及尾基栗棕色，尾棕褐色，上体橄榄褐色或橄榄棕褐色，下胸、腹和两肋棕褐色，余部灰褐色。

【生态习性】栖息于阔叶林、针叶林、针阔混交林、林缘灌丛、村落附近树林及果园等生境；以各种昆虫和植物种子为食；繁殖期5—7月，每窝产卵4～6枚，孵化期约13天，雏鸟晚成。

【种群现状】大山包记录数量不足10只。

铜蓝鹟

Eumyias thalassinus

雀形目
鹟科

♥ 保护等级：三有动物。
♥ 居留状况：全年，留鸟。

【形态特征】体长约17厘米，虹膜暗褐色，具黑色眼罩，嘴及腿黑色，通体呈闪亮的铜蓝色。
【生态习性】栖息于常绿阔叶林、针阔叶混交林、针叶林、村落及果园等生境；以各种昆虫及植物果实等为食；繁殖期5—7月，每窝产卵3～5枚，孵化期约13天，雏鸟晚成。
【种群现状】大山包记录数量不足10只。

韦铭 摄

白额燕尾 | 雀形目
鹟科

Enicurus leschenaulti

♥ 保护等级：三有动物。
♥ 居留状况：10 月中旬至翌年 3 月底，冬候鸟。

【形态特征】体长约 28 厘米，虹膜褐色，嘴黑色，腿粉色，额至头顶、腰部、腹部、臀部、宽大的翼带和外侧尾羽等均为白色，尾长叉深且黑白色相间，余部亮黑色。
【生态习性】栖息于多岩石的山涧湍急溪流及河流；以各种昆虫、蜘蛛为食；繁殖期 4—6 月，每窝产卵 3 ~ 4 枚，雏鸟晚成。
【种群现状】大山包记录数量不足 10 只。

韦铭 摄

紫啸鸫

Myophonus caeruleus

雀形目
鸫科

♥ 保护等级：三有动物。

♥ 居留状况：全年，留鸟。

吴太平 摄

【形态特征】体长约 35 厘米，虹膜暗褐色，嘴黄色或黑色，脚黑色，全身蓝紫色，头及颈密布淡紫色细条纹，背及胸腹部杂以淡紫色近圆形斑点。

【生态习性】栖息于山间溪流的岩石上或村落的河流沿岸；以各种昆虫、蚌、小蟹、蚯蚓及植物果实或种子为食；繁殖期 4—7 月，每窝产卵 3～5 枚，孵化期约 14 天，雏鸟晚成。

【种群现状】大山包记录数量超过 10 只。

北红尾鸲

Phoenicurus auroreus

雀形目
鹟科

♥ 保护等级：三有动物。
♥ 居留状况：全年，留鸟。

雄鸟 / 吴太平 摄

【形态特征】体长约 15 厘米，虹膜暗褐色，嘴及腿黑色，翼上白斑显著；雄鸟上体额至颈背银灰色，背、翅、额至上胸、中央尾羽等均为黑褐色，余部橙棕色；雌鸟上体暗褐色，下体淡棕褐色。

【生态习性】栖息于森林、河谷、溪流、灌草丛、林缘及村落等生境；以各种昆虫、蚯蚓、蜘蛛等为食；繁殖期 4—7 月，每年产卵 2～3 窝，每窝产卵 6～8 枚，孵化期约 13 天，雏鸟晚成。

【种群现状】大山包记录数量 10～20 只。

雌鸟 / 李世俊 摄

蓝额红尾鸲

Phoenicurus frontalis

雀形目
鹟科

♥ 保护等级：三有动物。

♥ 居留状况：全年，留鸟。

雄鸟 / 吴太平 摄

【形态特征】体长约 16 厘米，虹膜暗褐色，嘴及脚黑色；雄鸟整个头、颈、背、肩、翅小覆羽、胸均为深蓝色，翼黑褐色，腰至尾基和腹部棕栗色，中央尾羽黑色而外侧尾羽橙棕色；雌鸟全身棕褐色，中央尾羽黑褐色而外侧尾羽栗棕色，腹至尾下覆羽橙棕色。

【生态习性】栖息于针叶林、灌草丛、河谷、林缘灌丛及村落等生境；以各种昆虫、蚯蚓、节肢动物、植物果实及种子等为食；繁殖期 5—8 月，每窝产卵 3～4 枚，孵化期约 13 天，雏鸟晚成。

【种群现状】大山包记录数量 10～15 只。

雌鸟 / 吴太平 摄

白顶溪鸲

Phoenicurus leucocephalus

雀形目
鹟科

♥ 保护等级：三有动物。
♥ 居留状况：全年，留鸟。

【形态特征】体长约 20 厘米，虹膜暗褐色，嘴和腿均为黑色，头顶至枕部白色，腰、尾和腹均为深栗红色，且尾梢具宽阔黑斑，余部均为亮黑色。

【生态习性】常栖于山川河流的岩石或电线上；以各种水生昆虫、节肢动物、软体动物、野果或草籽为食；繁殖期 4—7 月，每年产卵 1～2 窝，每窝产卵 3～5 枚，孵化期约 11 天，雏鸟晚成。

【种群现状】大山包记录数量不足 10 只。

李世俊 摄

蓝矶鸫

Monticola solitarius

雀形目
鹟科

♥ 保护等级：三有动物。
♥ 居留状况：全年，留鸟。

【形态特征】体长约 23 厘米，虹膜暗褐色，嘴和腿黑色；雄鸟整个头部、颈部、肩、背、腰及胸部均为蓝色缀以淡黑色鳞状斑纹，翅及尾黑色，腹部及臀部栗红色；雌鸟上体灰蓝色，下体棕色且密布黑色细条纹。

【生态习性】栖息于多岩石的低山峡谷、溪流、湖泊等生境；以各种昆虫、蚯蚓等为食；繁殖期 4—8 月，每窝产卵 3～6 枚，孵化期约 13 天，雏鸟晚成。

【种群现状】大山包记录数量不足 10 只。

雄鸟 / 廖辰灿 摄　　　　　　　　　　雌鸟 / 田鸣锋 摄

黑喉石䳢 | 雀形目
鹟科

Saxicola maurus

♥ 保护等级：**三有动物。**
♥ 居留状况：**全年，留鸟。**

李世俊 摄

【形态特征】体长约 15 厘米，虹膜暗褐色，嘴和腿黑色；雄鸟头部黑色，背暗褐色，颈侧及翼上具大型白斑，翼及尾黑色杂以棕色纹，腰部白色，胸至臀部、两胁均为淡棕色；雌鸟颜色较淡且无黑色，喉白色，仅翼上具白斑，余部似雄鸟。

【生态习性】栖息于农田、灌草丛、沼泽、村落及果园等生境；以各种昆虫、蜘蛛、蚯蚓及植物种子或果实等为食；繁殖期 4—7 月，每窝产卵 4～6 枚，孵化期约 13 天，雏鸟晚成。

【种群现状】大山包记录数量 20～50 只。

戴菊

Regulus regulus

雀形目
戴菊科

♥ 保护等级：三有动物。

♥ 居留状况：全年，留鸟。

【形态特征】体长约 10 厘米，虹膜褐色，额基、眼先及眼周灰白色，嘴黑色，腿暗褐色，爪黄色，头顶具前窄后宽的黄色或橙色条形冠纹，该冠纹两侧具黑色侧冠纹，头侧、颈背及颈侧灰绿色，背、肩、腰、尾基及外侧尾羽橄榄绿色，中央尾羽灰黑色，翅黑褐色且具前后两道黄绿色条纹，胸腹部灰白色。

【生态习性】栖息于针叶林、针阔叶混交林和林缘灌丛；以各种昆虫及植物种子为食；繁殖期 5—7 月，每窝产卵 7 ～ 12 枚，孵化期约 15 天，雏鸟晚成。

【种群现状】大山包记录数量 20 ～ 50 只。

韦铭 摄

113

领岩鹨

Prunella collaris

雀形目
岩鹨科

♥ 保护等级：三有动物。
♥ 居留状况：全年，留鸟。

【形态特征】体长约 19 厘米，虹膜暗褐色，上嘴黑色而下嘴橙黄色，腿红褐色，头及胸灰褐色，额及喉灰白色杂以黑色斑纹，翅褐色具棕色羽缘，黑色大覆羽羽端的白色斑形成两道点状翼斑，腰和尾基栗色，臀部黑色且具白色羽缘，腹及两肋栗色具白色羽缘，尾黑褐色而端白。

【生态习性】栖息于针叶林、峡谷灌木丛及草丛等生境；以甲虫、蚂蚁、蜗牛、蚯蚓、谷物、植物果实或种子等为食；繁殖期 5—7 月，每窝产卵 3～4 枚，孵化期约 15 天，雏鸟晚成。

【种群现状】大山包记录数量 10～20 只。

郑远见 摄

山麻雀 | 雀形目
雀科

Passer cinnamomeus

♥ 保护等级：三有动物。
♥ 居留状况：全年，留鸟。

【形态特征】体长约15厘米，虹膜褐色，嘴灰色或黄褐色，脚淡褐色；雄鸟额、头顶、颈背、背、腰及尾基均为栗红色，背部缀以黑色纵纹，眼先、颏及喉中部均为黑色，颊、喉侧、颈侧及胸腹部污白色，翅黑褐色具棕色羽缘，尾褐色具棕色羽缘；雌鸟上体暗褐色，上背杂以黑色纵纹，腰栗红色，具褐色贯眼纹，眉纹污白色，余部似雄鸟。

【生态习性】栖息于稀疏森林、灌木丛、村落、农田及果园等生境；以各种昆虫和植物果实或种子为食；繁殖期4—8月，每年产卵2～3窝，每窝产卵4～6枚，孵化期约11天，雏鸟晚成。

【种群现状】大山包记录数量超过100只。

左雄右雌　／李世俊 摄

麻雀

雀形目
雀科

Passer montanus

♥ 保护等级：三有动物。

♥ 居留状况：全年，留鸟。

李世俊 摄

【形态特征】体长约15厘米，虹膜暗褐色，嘴黑色，腿粉褐色，额至颈背红褐色，具完整白色颈环，额及喉黑色，脸颊具黑色斑，余部似山麻雀雄鸟。

【生态习性】除茂密森林外，该种喜集群栖息各种生境；以各种昆虫、蚯蚓及禾本科植物种子为食；繁殖期3—9月，每年产卵2窝以上，每窝产卵4～6枚，孵化期约14天，雏鸟晚成。

【种群现状】大山包记录数量超过500只。

树鹨

雀形目
鹡鸰科

Anthus hodgsoni

♥ 保护等级：三有动物。

♥ 居留状况：4月至10月，夏候鸟。

韦铭 摄

【形态特征】体长约16厘米，虹膜红褐色，上嘴黑色而下嘴黄褐色，腿淡粉红色，上体大部橄榄绿色，头顶密布黑色细纹，具棕白色眉纹，翅黑褐色具黄绿色羽缘，翼上覆羽具棕白色端斑，额和喉棕白色，胸及胁棕白色具黑色粗纵纹，腹部及臀部白色。

【生态习性】栖息于林缘、河谷、林间电线、沼泽草地及村落等生境；以各种昆虫、蜘蛛、蜗牛、苔藓、谷粒及杂草种子为食；繁殖期5—8月，每窝产卵4～6枚，孵化期约14天，雏鸟晚成。

【种群现状】大山包记录数量20～50只。

黄头鹡鸰

Motacilla citreola

雀形目
鹡鸰科

♥ 保护等级：三有动物。

♥ 居留状况：9月初至11月底，旅鸟。

【形态特征】体长约18厘米，虹膜暗褐色，嘴和腿黑色，整个头颈部和胸腹部鲜黄色，背黑色或灰色，腰暗灰色，翅黑褐色具多道白色翼带，尾黑褐色且外侧尾羽白色。

【生态习性】栖息于湖泊岸边、溪流岩石、农田、草地、沼泽等生境；以各种昆虫及植物种子为食；繁殖期5—7月，每窝产卵4～5枚，孵化期约12天，雏鸟晚成。

【种群现状】大山包记录数量不足10只。

李世俊 摄

白鹡鸰

Motacilla alba

雀形目
鹡鸰科

♥ 保护等级：三有动物。
♥ 居留状况：全年，留鸟。

李世俊 摄

【形态特征】体长约 18 厘米，虹膜暗褐色，嘴和脚黑色，额和脸颊白色，头顶、后颈、背、肩及翼黑色或灰色，翅具白色条纹，尾长呈黑色且外侧尾羽白色，额和喉白色或黑色，胸黑色，腹部、胁及臀部白色。

【生态习性】栖息于河流、湖泊、库塘、农田、沼泽草甸、村落等生境；以各种昆虫、蜘蛛和谷物等为食；繁殖期 4—7 月，每窝产卵 5～6 枚，孵化期约 12 天，雏鸟晚成。

【种群现状】大山包记录数量 20～50 只。

燕雀
Fringilla montifringilla

雀形目
燕雀科

♥ 保护等级：三有动物。
♥ 居留状况：11 月初至翌年 3 月底，冬候鸟。

雄鸟 ／吴太平 摄

【形态特征】体长约 16 厘米，虹膜暗褐色，嘴黄色而端黑呈圆锥状，腿暗褐色，胸棕色而腰白色；雄鸟上体从头至背、翅和尾亮黑色，肩具棕色斑块，翅上具白斑纹，额和喉橙黄色，腹部和臀部白色，胁淡棕色杂以黑色斑点；雌鸟体色较雄鸟淡，头及颈灰黑色，额和喉淡棕色，余部似雄鸟。

【生态习性】栖息于阔叶林、针叶林、针阔混交林、林缘、村落及果园等生境；以各种昆虫和植物种子或果实、嫩芽为食；繁殖期 5—8 月，每窝产卵 5 ～ 7 枚，孵化期约 14 天，雏鸟晚成。

【种群现状】大山包记录数量 20 ～ 50 只。

雌鸟 ／李世俊 摄

普通朱雀

雀形目
燕雀科

Carpodacus erythrinus

♥ 保护等级：三有动物。

♥ 居留状况：4月初至10月中旬，夏候鸟。

【形态特征】体长约15厘米，虹膜暗褐色，嘴及腿褐色；雄鸟头顶、背、肩、腰、喉、胸红色或红褐色，翅和尾黑褐色沾红色，腹部和胁棕色沾红色；雌鸟上体橄榄褐色，翅和尾黑褐色具灰白色羽缘，颏至上腹、胁淡褐色具粗著黑褐色纵纹。

【生态习性】栖息于针叶林、针阔混交林、林缘、林缘灌丛等生境；以植物果实或种子、花、嫩芽、嫩叶和少量昆虫为食；繁殖期5—7月，每窝产卵3～6枚，孵化期约14天，雏鸟晚成。

【种群现状】大山包记录数量不足10只。

左雄右雌　/ 韦铭 摄

淡腹点翅朱雀

雀形目
燕雀科

Carpodacus verreauxii

♥ 保护等级：三有动物。
♥ 居留状况：全年，留鸟。

【形态特征】体长约 15 厘米，虹膜暗褐色，嘴灰绿色，腿浅褐色；雄鸟具浅粉色的长眉纹，腰及下体粉色，翼上覆羽具浅粉色点斑；雌鸟无粉色且密布褐色纵纹，下体淡黄色，眉纹长而色浅。

【生态习性】栖息于常绿阔叶林、针叶林、针阔混交林、林缘灌丛等生境；以植物果实或种子、花、嫩芽、嫩叶和少量昆虫为食。

【种群现状】大山包记录数量不足 10 只。

李世俊 摄

黑头金翅雀

Chloris ambigua

雀形目
燕雀科

♥ 保护等级：三有动物。
♥ 居留状况：全年，留鸟。

雄鸟　/李世俊 摄

【形态特征】体长约14厘米，虹膜暗褐色，嘴及腿淡粉红色，背及肩橄榄绿色，腰、尾基和胸橄榄色，翼和尾黑褐色，具显著金黄色翼斑，尾基、尾下覆羽及臀部金黄色；雄鸟的整个头颈部亮黑色，下体淡黄绿色；雌鸟整个头部黑褐色具暗色羽缘形成的纵纹，余部体色较雄鸟浅淡。

【生态习性】栖息于高山和亚高山针叶林、针阔叶混交林、常绿阔叶林、疏林草地、沼泽草甸和村落附近等生境；以植物果实或种子、嫩芽以及少量昆虫为食；繁殖期5—7月，一般每窝产卵4枚，孵化期约13天，雏鸟晚成。

【种群现状】大山包记录数量超过40只。

雌鸟　/吴太平 摄

西南灰眉岩鹀

雀形目 鹀科

Emberiza yunnanensis

♥ 保护等级：三有动物。

♥ 居留状况：全年，留鸟。

李世俊 摄

【形态特征】体长约17厘米，虹膜暗褐色，嘴灰褐色，腿粉褐色，眉纹、颈侧、颏、喉及胸蓝灰色，具黑色眼先和髭纹，头顶侧冠纹和贯眼纹棕栗色，背褐色具黑色纵纹，肩、腰和尾上覆羽栗红色，翅和尾黑褐色具棕白色羽缘，腹及胁棕栗色。

【生态习性】栖息于多岩石的荒坡、草地、灌草丛、林缘、峡谷、农田、村落附近等生境；以植物果实或草子、昆虫等为食；繁殖期4—7月，每年产2～3窝卵，每窝产卵3～5枚，孵化期约12天，雏鸟晚成。

【种群现状】大山包记录数量50～100只。

吴太平 摄

124

黄喉鹀 | 雀形目 鹀科

Emberiza elegans

♥ 保护等级：三有动物。

♥ 居留状况：全年，留鸟。

吴太平 摄

【形态特征】体长约15厘米，虹膜红褐色，嘴黑褐色呈锥状，腿粉褐色，脸颊、凤头、颈背、额及胸均为黑色，头顶、枕及喉金黄色，肩及背栗褐色具粗著黑色斑纹，翅及尾黑褐色具棕白色羽缘，下体余部灰白色，胁具黑色细纵纹。

【生态习性】栖息于阔叶林、针阔混交林、林缘灌丛、溪流沿岸疏林灌丛以及村落附近灌草丛等生境；以各种昆虫、蚯蚓、蠕虫以及植物果实或种子为食；繁殖期5—7月，每年产1～2窝卵，每窝产卵3～6枚，孵化期约12天，雏鸟晚成。

【种群现状】大山包记录数量20～30只。

小鹀

雀形目
鹀科

Emberiza pusilla

♥ 保护等级：三有动物。

♥ 居留状况：10月底至翌年4月初，冬候鸟。

韦铭 摄

【形态特征】体长约14厘米，虹膜红褐色，嘴灰褐色，腿粉褐色，头顶和脸颊栗红色，眉纹和额棕褐色，颊纹及耳羽边缘灰黑形成纹带，喉白色，背部褐色具粗著黑色纵纹，腰灰色，翅及尾黑褐色具淡棕色羽缘，胸腹部偏白微沾淡棕色，胸及两胁具黑色纵纹。

【生态习性】栖息于针叶林、阔叶林、针阔混交林、林缘、高大灌丛、村庄绿地等生境；以各种昆虫、蜘蛛、蠕虫以及植物果实或种子为食；繁殖期5—7月，每年产1～2窝卵，每窝产卵4～6枚，孵化期约14天，雏鸟晚成。

【种群现状】大山包记录数量不足10只。

主要参考文献

[1] 郑光美 . 中国鸟类分类与分布名录（第四版）[M]. 北京：科学出版社，2023.

[2] 约翰·马敏能，卡伦·菲利普斯，何芬奇，等 . 中国鸟类野外手册 [M]. 长沙：湖南教育出版社，2000.

[3] 杨岚 . 云南鸟类志（上卷　非雀形目）[M]. 昆明：云南科学技术出版社，1995.

[4] 杨岚，杨晓君，等 . 云南鸟类志（下卷　雀形目）[M]. 昆明：云南科学技术出版社，2004.

[5] 刘阳，陈水华 . 中国鸟类观察手册 [M]. 长沙：湖南教育出版社，2021.

[6] 彭明春，王崇云，钟兴耀 . 云南大山包黑颈鹤自然保护区综合科学考察研究 [M]. 北京：科学出版社，2013.

[7] 国家林业和草原局，农业农村部 . 国家重点保护野生动物名录（2021 年 2 月 1 日修订）[J]. 野生动物学报，2021，42（2）：605-640.

[8] 中华人民共和国濒危物种进出口管理办公室，中华人民共和国濒危物种科学委员会 . 濒危野生动植物种国际贸易公约（附录Ⅰ、附录Ⅱ和附录Ⅲ）[EB/OL]. http：//www.forestry.gov.cn/html/main/main_4461/20230223143021752206358/file/20230227162034312912692.pdf，2023.

[9] 国家林业和草原局 . 国家林业和草原局公告（2023 年第 17 号）[EB/OL]. http：//www.forestry.gov.cn/u/cms/www/202307/28142700aazf.pdf，2023.

[10] IUCN. IUCN Red List[EB/OL]. https：//www.iucnredlist.org，2020.

[11] 杨永霞，白皓天，傅伟，等 . 云南大山包黑颈鹤自然保护区鸟类多样性及其与生境结构的关系 [J]. 生态学杂志，2018，37（1）：147-156.

[12] 吴太平，赵子蛟，罗雷，等 . 冬季云南大山包黑颈鹤国家级自然保护区水鸟多样性初步研究 [J]. 湿地科学，2019，17（3）：304-310.

附录 I 中文名索引

附录 Ⅱ 拉丁名索引

附录Ⅲ 云南大山包黑颈鹤国家级自然保护区重点保护鸟类名录

序号	中文名	英文名	拉丁名	国家保护	IUCN	CITES
			国家一级保护（9种）			
1	白鹤	Siberian Crane	*Leucogeranus leucogeranus*	一级	极危（CR）	附录Ⅰ
2	白头鹤	Hooded Crane	*Grus monacha*	一级	易危（VU）	附录Ⅰ
3	黑颈鹤	Black-necked Crane	*Grus nigricollis*	一级	近危（NT）	附录Ⅰ
4	黑鹳	Black Stork	*Ciconia nigra*	一级		附录Ⅱ
5	东方白鹳	Oriental Stork	*Ciconia boyciana*	一级	濒危（EN）	附录Ⅰ
6	草原雕	Steppe Eagle	*Aquila nipalensis*	一级	濒危（EN）	附录Ⅱ
7	白肩雕	Imperial Eagle	*Aquila heliaca*	一级	易危（VU）	附录Ⅰ
8	金雕	Golden Eagle	*Aquila chrysaetos*	一级		附录Ⅱ
9	白尾海雕	White-tailed Sea Eagle	*Haliaeetus albicilla*	一级		附录Ⅰ
			国家二级保护（27种）			
1	白腹锦鸡 *	Lady Amherst's Pheasant	*Chrysolophus amherstiae*	二级		
2	小白额雁	Lesser White-fronted Goose	*Anser erythropus*	二级	易危（VU）	
3	黑颈䴙䴘	Black-necked Grebe	*Podiceps nigricollis*	二级		附录Ⅱ
4	蓑羽鹤	Demoiselle Crane	*Grus virgo*	二级		附录Ⅱ
5	灰鹤	Common Crane	*Grus grus*	二级		附录Ⅱ
6	领鸺鹠	Collared Owlet	*Glaucidium brodiei*	二级		附录Ⅱ
7	斑头鸺鹠	Asian Barred Owlet	*Glaucidium cuculoides*	二级		附录Ⅱ
8	长耳鸮	Long-eared Owl	*Asio otus*	二级		附录Ⅱ

序号	中文名	英文名	拉丁名	国家保护	IUCN	CITES
9	短耳鸮	Short-eared Owl	*Asio flammeus*	二级		附录Ⅱ
10	鹗	Osprey	*Pandion haliaetus*	二级		附录Ⅱ
11	黑翅鸢	Black-shouldered Kite	*Elanus caeruleus*	二级		附录Ⅱ
12	松雀鹰	Besra	*Accipiter virgatus*	二级		附录Ⅱ
13	雀鹰	Eurasian Sparrow hawk	*Accipiter nisus*	二级		附录Ⅱ
14	苍鹰	Northern Goshawk	*Accipiter gentilis*	二级		附录Ⅱ
15	白尾鹞	Hen Harrier	*Circus cyaneus*	二级		附录Ⅱ
16	黑鸢	Black Kite	*Milvus migrans*	二级		附录Ⅱ
17	大𬸚	Upland Buzzard	*Buteo hemilasius*	二级		附录Ⅱ
18	普通𬸚	Eastern Buzzard	*Buteo japonicus*	二级		附录Ⅱ
19	喜山𬸚	Himalayan Buzzard	*Buteo refectus*	二级		附录Ⅱ
20	红隼	Common Kestrel	*Falco tinnunculus*	二级		附录Ⅱ
21	红脚隼	Eastern Red-footed Falcon	*Falco amurensis*	二级		附录Ⅱ
22	灰背隼	Merlin	*Falco columbarius*	二级		附录Ⅱ
23	燕隼	Hobby	*Falco subbuteo*	二级		附录Ⅱ
24	游隼	Peregrine Falcon	*Falco peregrinus*	二级		附录Ⅰ
25	暗色鸦雀 *	Grey-hooded Parrotbill	*Sinosuthora zappeyi*	二级	易危（VU）	
26	橙翅噪鹛 *	Elliot's Laughingthrush	*Trochalopteron elliotii*	二级		
27	红嘴相思鸟	Red-billed Leiothrix	*Leiothrix lutea*	二级		附录Ⅱ

* 中国特有种。